江西财经大学东亿学术论丛·第一辑

加速寿命试验
统计分析与优化设计
基于广义比例优势模型

刘 展 著

The Statistical Analysis and Optimal Design of
Accelerated Life Testing Based
on a Generalized Proportional Odds Model

本书得到中国博士后基金项目：基于扩展线性优势回归模型的产品可靠性统计分析（项目编号：2017M612147）的资助。

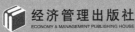

经济管理出版社
ECONOMY & MANAGEMENT PUBLISHING HOUSE

图书在版编目（CIP）数据

加速寿命试验统计分析与优化设计——基于广义比例优势模型／刘展著. —北京：
经济管理出版社，2019. 10
ISBN 978-7-5096-5073-8

Ⅰ.①加⋯　Ⅱ.①刘⋯　Ⅲ.①加速寿命试验—统计分析②加速寿命试验—最优
设计　Ⅳ.①N33

中国版本图书馆 CIP 数据核字（2019）第 233223 号

组稿编辑：王光艳
责任编辑：李红贤
责任印制：黄章平
责任校对：赵天宇

出版发行：经济管理出版社
　　　　　（北京市海淀区北蜂窝 8 号中雅大厦 A 座 11 层　100038）
网　　　址：www. E-mp. com. cn
电　　　话：（010）51915602
印　　　刷：北京晨旭印刷厂
经　　　销：新华书店
开　　　本：720mm×1000mm /16
印　　　张：12. 5
字　　　数：192 千字
版　　　次：2020 年 5 月第 1 版　　2020 年 5 月第 1 次印刷
书　　　号：ISBN 978-7-5096-5073-8
定　　　价：68. 00 元

总　序

　　江西财经大学统计学院源于 1923 年成立的江西省立商业学校会统科。统计学专业是学校传统优势专业，拥有包括学士、硕士（含专硕）、博士和博士后流动站的完整学科平台。数量经济学是我校应用经济学下的一个二级学科，拥有硕士、博士和博士后流动站等学科平台。

　　江西财经大学统计学科是全国规模较大、发展较快的统计学科之一。1978 年、1985 年统计专业分别取得本科、硕士办学权；1997 年、2001 年、2006 年统计学科连续三次被评为省级重点学科；2002 年统计学专业被评为江西省品牌专业；2006 年统计学硕士点被评为江西省示范性硕士点，是江西省第二批研究生教育创新基地。2011 年，江西财经大学统计学院成为我国首批江西省唯一的统计学一级学科博士点授予单位；2012 年，学院获批江西省首个统计学博士后流动站。2017 年，统计学科成功入选"江西省一流学科（成长学科）"；在教育部第四轮学科评估中被评为"A-"等级，进入全国前 10% 行列。目前，统计学科是江西省高校统计学科联盟盟主单位，已形成以研究生教育为先导、本科教育为主体、国际化合作办学为补充的发展格局。

　　我们推出这套系列丛书的目的，就是展现江西财经大学统计学院发展的突出成果，呈现统计学科的前沿理论和方法。之所以以"东亿"冠名，主要是以此感谢高素梅校友及所在的东亿国际传媒给予统计学院的大力支持，在学院发展的关键时期，高素梅校友义无反顾地为我们提供了无私的帮助。丛书崇尚学术精神，坚持专业视角，客观务实，兼具科学研究性、实际应用性、参考指导性，希望能给读者以启发和帮助。

丛书的研究成果或结论属个人或研究团队观点，不代表单位或官方结论。书中难免存在不足之处，恳请读者批评指正。

编委会

2019 年 6 月

前　言

　　产品质量是企业参与市场竞争的主要力量，是企业的生命线，是经济发展的驱动力。可靠性是评价产品质量的重要指标，而加速寿命试验技术是评估产品可靠性的关键技术。利用加速寿命试验进行可靠性评估的关键是建立应力水平与产品可靠性特征量之间的关系，即加速模型。加速模型可分为两类：物理加速模型和统计加速模型。其中，统计加速模型比物理加速模型的适用范围广泛，因而在基于加速寿命试验的产品可靠性评估过程中更受研究人员青睐。统计加速模型主要包括加速失效时间模型、比例危险模型和比例优势模型。近年来，随着人们对加速模型的深入研究，很多学者开始考虑对这些统计加速模型进行扩展，以使它们的适用范围更广。但是，现有的关于扩展统计加速模型的研究大多只是关于加速失效时间模型和比例危险模型的扩展研究，鲜少有文献提出比例优势模型的扩展模型。

　　鉴于比例优势模型在基于加速寿命试验的产品可靠性评估体系中的重要性，本书在博士后科研课题"基于扩展线性优势回归模型的产品可靠性统计分析"的研究基础上，以产品可靠性试验的优化设计方法及评估方法为具体研究对象，对比例优势模型的扩展模型及其在加速寿命试验的统计分析与优化设计过程中的应用进行了深入的研究，所开展的具体研究工作如下：

　　（1）在查阅大量相关文献的基础上，系统性地归纳和梳理了国内外加速寿命试验统计分析方法和加速寿命试验优化设计理论的研究状况和发展动态，分析和讨论了处于可靠性研究领域前沿的研究方向及热点问题。结合经济发展和可靠性工程需求，把理论创新和实际应用两个方面作为切入点，提出研究命题——基于广义比例优势模型的加速寿命试验统计分析与优化设计。

（2）针对比例优势模型（Proportional Odds model，简称 PO 模型）在加速寿命试验统计分析中应用的局限性问题，提出了该模型的扩展——广义比例优势模型（Generalized Proportional Odds model，简称 GPO 模型）；通过对 GPO 模型的理论性质进行探讨，说明 GPO 模型在考虑比例优势效应的同时考虑了时协变量效应及时间规模效应，PO 模型是 GPO 模型的一种特殊形式，并由此说明 GPO 模型的适用范围比 PO 模型的适用范围更广；通过数值模拟，将 GPO 模型和 PO 模型对同一组加速寿命试验数据进行分析，模拟结果表明基于 GPO 模型的评估结果比基于 PO 模型的评估结果更为精确。此外，本书将 GPO 模型应用于一个实例，分别基于 GPO 模型和 PO 模型对 Maranowski 和 Cooper（1999）中 6H-SiC MOS 电容器的 TD-DB 数据进行统计分析，通过结果对比，证实了 GPO 模型在实际应用中的有效性。这一研究成果为基于加速寿命试验的可靠性评估工程提供了有益的理论支持。

（3）将 GPO 模型应用到截尾样本情况下的加速寿命试验的统计分析中。首先，本书基于截尾样本加速寿命试验数据，利用 GPO 模型将应力协变量与优势函数联系起来，在同时考虑时协系数效应、时间规模效应及比例优势效应的情况下，给出协变量作用下的产品优势函数表达式；然后根据优势函数建立似然函数方程，并求解协变量系数，从而计算产品在各应力水平下的可靠性指标。此外，本书通过数值模拟，基于 GPO 模型和 PO 模型对不同截尾率下的加速寿命试验的失效数据进行分析，分析结果表明：在截尾率为 0、5%、10% 和 15% 的情况下，基于 GPO 模型估计的可靠度的精度始终高于基于 PO 模型估计得到的可靠度的精度。从而说明，由于 GPO 模型以时协系数效应和时间规模效应的方式考虑了应力协变量对产品寿命特征的时间累积效应，因此，与 PO 模型相比较而言，利用 GPO 模型能更加有效地对加速寿命试验数据进行评估，而且能够减少数据信息的损失，从而能得到具有更高评估精度的可靠性估计值。这些工作探索性地为基于加速寿命试验的产品可靠性评估理论提出了一种新思路。

（4）本书研究了基于 GPO 模型的可靠度估计的置信区间估计方法和模型验证方法。通过建立 GPO 模型的 Fisher 信息矩阵，并由 Fisher 信息矩阵计算出 GPO 模型参数的渐近方差—协方差矩阵，然后给出模型参数评估

值的置信区间，从而计算产品可靠度估计的置信区间。此外，还对 GPO 模型的有效性进行了研究：分别利用 PO 模型和 GPO 模型对同一组加速寿命试验数据进行评估，然后基于评估结果构建似然比统计量，建立验证 GPO 模型的有效性的方法。最后，数值模拟结果表明，利用本书所提出的方法，可以计算得到准确的可靠度估计的置信区间。

（5）在基于 GPO 模型的加速寿命试验统计分析理论研究的基础上，系统地研究了基于 GPO 模型的多重应力加速寿命试验的优化设计问题。本书分别在多重恒定应力和多重步进应力的加载方式下，依设计应力条件下一段时间内的产品可靠度估计值的渐近方差最小为优化目标，描述了多重恒定应力下加速寿命试验的优化设计的问题程式，建立优化模型；然后采用 Powell（1992）提出的线性近似约束优化算法（Constrained Optimization BY Linear Approximations，COBYLA），给出了基于 GPO 模型的加速寿命试验最优设计方案，并对设计方案进行了论证。这些研究工作对于加速寿命试验在可靠性工程中的实施具有一定的意义。

（6）针对可靠性工程实际需求，利用 C 语言开发了"基于 GPO 模型的加速寿命试验统计分析"软件包。解决了产品可靠性评估过程中参数估计困难、可靠度函数估计困难、置信区间估计困难等问题，为可靠性评估技术发展提供了相关的思路与工具。

本书研究的主要创新点可以归纳为以下几点：

首先，提出了一个新加速寿命试验模型——广义比例优势模型（Generalized Proportional Odds Model，简称 GPO 模型）。国内外对扩展加速模型的研究成果大都集中在对比例危险模型和加速失效时间模型的扩展研究上，而对 PO 模型的扩展研究还非常少见，个别的文献涉及了 PO 模型在医学研究方面的应用，但对于 PO 模型的扩展研究及其扩展模型在可靠性评估中的应用，研究成果非常少见。针对该问题，本书在 Zhang（2007）提出的"基于 PO 模型的加速寿命试验的统计分析"的基础上，同时考虑时协系数效应和时间规模效应提出了 GPO 模型，该模型不仅具备比例优势效应，还以时协系数效应和时间规模效应的形式考虑了应力协变量对产品寿命特征的时间累积效应，因此能更加有效地拟合实际可靠性试验数据，而且对比例优势假定的偏离程度不敏感。此外，本书对 GPO 模型的统计性质进行了讨论，并通过理论分析、模拟分析及实证分析的方法，证明了 GPO 模型比 PO 模型具有更高的评估精度和更广泛的适用范围。

其次，将 GPO 模型应用在加速寿命试验统计分析过程中，建立基于 GPO 模型的加速寿命试验统计分析框架。本书在提出 GPO 模型之后，将其应用于加速寿命试验的统计分析中，建立基于 GPO 模型的加速寿命试验的产品可靠性评估框架，系统全面地分析了该模型在可靠性评估过程中的应用情况。我们先将 GPO 模型应用于最简单的加速寿命试验——单应力无截尾恒定应力加速寿命试验，建立了极大似然函数，利用极大似然理论评估模型中的各个参数，给出可靠的估计；然后将 GPO 模型应用于截尾样本情况的加速寿命试验的统计分析；讨论了基于 GPO 模型的可靠度估计的置信区间估计方法和模型验证方法。

最后，将 GPO 模型应用在加速寿命试验优化设计过程中，给出基于 GPO 模型的加速寿命试验优化设计方法。尽管加速寿命试验相比设计应力条件下的寿命试验节省了时间花费和成本，但是通过外推获得的可靠性估计不可避免地不够精确。为了获得更为精确的估计，一个有效的办法是设计一个试验计划——在每一个适当选择的应力水平下，对受试产品进行合理分配。换句话来说，一个优化的加速寿命试验设计方案将会得到更为精确的设计应力条件下的可靠性估计。然而，单应力下加速寿命试验的设计可能会忽略其他会导致产品失效的应力的影响，故本书基于 GPO 模型对多种应力情形下的加速寿命试验的优化设计进行了研究，在恒定应力和步进应力两种应力加载方式下，以设计应力条件下一段时间内的产品可靠度估计值的渐近方差最小为优化准则，建立优化设计方法的数学模型，给出了加速寿命试验的优化设计方案。

目　录

加速寿命试验统计分析与优化设计——基于广义比例优势模型
The Statistical Analysis and Optimal Design of Accelerated Life Testing Based on a Generalized Proportional Odds Model

❶
绪　论

　　质量是兴国之道、富国之本、强国之策。2017 年 9 月，中共中央国务院发布的《中共中央国务院关于开展质量提升行动的指导意见》指出，需要下最大气力抓全面提高质量，推动我国经济发展进入质量时代。

　　党的十九大报告特别强调，要加强基础应用研究，把我国建设为质量强国。这是以习近平同志为核心的党中央在科学研判我国经济社会发展形势基础上做出的科学论断，是从发展理念、战略目标到具体工作部署进行的一场重大变革，是全面建设社会主义现代化国家的必然要求。在某种意义上讲，大国与强国的根本区别就在于质量。我国 220 多种工业品产量居世界第一，但总体上仍处于国际分工的中低端。要成功转型升级，加快社会主义现代化国家建设，必须全面提升质量水平，奠定坚实质量基础。

　　建立健全的质量管理体系是提升中国制造品质的关键，质量检测是质量管理体系中一个重要的组成部分，可靠性评估是检测产品质量的主要手段。因此，对可靠性评估方法进行研究，提高可靠性评估技术水平，对完善质量检测体系具有深远意义，并可以为"中国制造"向"中国创造"的转变提供有力的技术支撑。

　　加速寿命试验技术是可靠性评估工程的关键技术，加速模型决定了基于加速寿命试验数据的可靠度估计值的精度，基于不同的加速模型评估的产品可靠度存在着较大的差异。如何根据加速寿命试验数据建立加速模型，使评估结果达到最优，是可靠性统计领域研究的热点问题之一。目前主流的可靠度评估方法仍然是基于基准统计加速模型进行估计，但是基准统计加速模型在应用于加速寿命试验的统计分析时具有一定的局限性，使得可靠度估计的精度不够理想。随着加速寿命试验技术的飞速发展，越来越多的学者开始对基准统计加速模型进行扩展研究，从而提出一些适用范围更广且评估精度更高的扩展统计加速模型。

1.1 研究背景及问题的提出

1.1.1 研究背景

2018 年中国经济总量增长速度在 6.6% 左右，该速度较 2017 年的 6.9% 进一步放缓，经济发展形势进入新常态。面对经济增速下行，国家亟须找到促进经济发展的新驱动力。制造业作为国民经济的主体，被认为是 21 世纪带动中国经济增长的一个新支点。我国实施制造强国战略第一个十年的行动纲领——《中国制造 2025》提出，力争用十年时间，迈入制造强国行列。

产品是制造业企业赖以生存和发展的根基，麦卡锡教授在市场营销学中将产品排在 4P 理论中的首要位置。产品是企业的生命线，产品质量是其抢占市场占有率的主要竞争力，因此，企业在产品质量管理与控制方面的能力对于提升企业的经济效益发挥着重大作用。质量检测是产品质量管理体系中重要的一环，可靠性评估是对产品进行质量检测的主要技术手段，因此可靠性评估技术研究具有深远的经济意义。

可靠性水平是评价产品质量的重要指标。为了解某产品质量，需对其可靠性水平进行评估，评估产品可靠性的主要技术手段是对该产品进行寿命试验。寿命试验的具体方法：随机选取一定数量的产品作为试验样品，跟踪样品的实际使用过程，记录下它们的失效时间（寿命）及失效原因等数据；或者是在实验室中模拟产品实际使用过程中的主要条件，在这些条件下对样品进行试验，由此得到它们的失效时间（寿命）及失效原因等数据。在获取数据后，利用统计方法对这些失效数据进行

分析，从而评估产品的主要性能指标及可靠性指标，进而了解产品的质量。

然而，在正常使用的条件下对产品进行寿命试验，往往很难在短时间内获得足够多的产品失效数据。因此，人们对产品施加比正常使用条件严酷得多的试验条件，进行试验，并记录所施加的条件值及在该条件下产品失效的数目和各自的寿命，然后建立所施加的条件值与产品寿命之间的关系式，用以推算正常使用条件下产品的可靠性指标。这种试验技术称为加速寿命试验（Accelerated Life Testing，ALT）；试验中对产品施加的条件称为应力，其中产品的正常使用条件称为常应力或设计应力，加速寿命试验中对产品施加的比正常使用条件更严酷的条件称为加速应力；应力的值称为应力水平；应力水平与产品寿命特征量之间的关系式称为加速方程，也叫加速模型。

尽管加速寿命试验相比设计应力下的寿命试验节省了时间花费和成本，但是由于加速寿命试验在加速应力水平下进行，获得的失效数据具有一定的误差，因而利用这种方法评估得到的产品可靠度也具有一定的误差。为了获得更为精确的估计，通常从两方面进行研究：一是如何优化加速寿命试验设计方案；二是如何提高加速寿命试验数据的统计分析技术。

加速寿命试验的优化设计研究的内容：在给定的条件（样品数目、应力水平范围、试验持续时间等）下，如何进行试验，才能获得各种可靠性指标的精确估计。也可详细描述为：选取何种加速寿命试验类型；怎样选择试验中施加加速应力水平或应力函数；在进行恒定应力加速寿命试验时，投放到各组的样品比例如何分配，如何确定各组试验的截尾时间或截尾个数；在进行步进应力加速寿命试验时，如何确定每组应力转变的时刻或失效个数；如何确定步加试验或序加试验结束的时间或截尾个数。

加速寿命试验统计分析方法是利用加速应力下的失效数据去外推正常应力水平下产品的可靠性特征量。对加速寿命试验统计分析方法进行研究要从以下两方面即如何建立加速模型、如何对各加速应力水平下的产品寿命信息数据进行加工入手，从而用于加速模型中的未知参数的估计，再利用加速模型外推出设计条件下产品的可靠性指标。

可见，加速寿命试验统计分析方法实现的关键是建立加速模型。这是因为加速寿命模型表述的是寿命特征量与应力水平之间的关系，是利用加速寿命试验数据对设计条件下产品的可靠性特征量进行外推的基础。加速模型的选择决定可靠性特征量估计的精度，故加速模型的研究是加速寿命试验统计分析方法研究的重中之重。

加速模型可分为两类：物理加速模型和统计加速模型。其中，物理加速模型是对产品失效机理分析的结果，其模型形式依赖于具体产品的物理/化学失效机理，故存在适用范围不够广的问题；统计加速模型则是对产品的寿命和应力进行回归建模，因而适用面广，更加受到研究人员及工程应用人员的青睐。目前，基准的统计加速模型主要有：加速失效时间模型（Accelerated Failure Time Model，简称 AFT 模型）、比例危险模型（Proportional Hazard Model，简称 PH 模型）和比例优势模型（Proportional Odds Model，简称 PO 模型）。其中，AFT 模型是一种参数模型，利用该模型进行加速寿命试验数据的统计分析时，需要预先指定产品的寿命分布形式，这在实际分析过程中具有一定的困难：若产品寿命并不服从预先指定的寿命分布形式，则评估结果的精确度会非常低。PH 模型和 PO 模型是非参数模型，利用它们进行加速寿命试验数据的统计分析时无须事先指定产品的寿命分布，但却必须在失效数据满足一定假设的情况下才可使用，例如，PH 模型只能适用于失效数据满足比例危险假定的情况，PO 模型只能适用于失效数据满足比例优势假定的情况等。当这些假定满足时，利用它们对加速寿命试验数据进行统计分析，可以得到很好的评估结果；但若这些假定不能满足，基于这些非参数模型得到的评估结果会有非常大的误差。

为了解决基准统计加速模型在产品可靠性评估应用中的局限性，越来越多的专家、学者开始对它们进行扩展研究，提出一些将基准统计模型作为一种特殊形式的扩展统计加速模型，这些扩展模型对加速寿命试验数据关于特定假设的偏离程度不敏感，具有更广的适用范围及更高的评估精度。

然而，在现有的关于扩展加速模型的研究成果中，关于 PH 模型和 AFT 模型的扩展研究较多，而关于 PO 模型的扩展研究却很少。经典的 PO 模型是一类重要的统计加速模型，对其进行扩展研究十分必要。

1.1.2　问题的提出

综合以上对于加速模型的研究及当前研究动态的分析，可得到以下结论：

（1）PO 模型是一种非常重要的统计加速模型，在比例优势假定满足时用于加速寿命试验数据的统计分析，能得到较好的评估结果。

（2）经典的统计加速模型都是在加速寿命试验数据满足一定的假设条件下才能使用，这使得它们在应用方面具有局限性。针对此问题，需对它们进行扩展，提出一些新的、适用范围更广的加速模型。

（3）当前已存在的扩展研究主要是针对 PH 模型和 AFT 模型展开的，对 PO 模型扩展研究的探索强调得不够。

基于上述分析，本书在充分考虑现有加速模型的基础上，以丰富加速模型理论为目标，对加速寿命试验的新模型进行探索研究。本书在 PO 模型的基础上综合考虑时变系数效应及时间规模效应，提出广义比例优势模型（Generalized Proportional Odds Model，简称 GPO 模型）；并以此模型为理论基础，建立加速寿命试验统计分析框架、研究产品可靠度估计的置信区间估计及模型验证方法，并给出加速寿命试验优化设计方法，从而建立基于 GPO 加速模型的产品可靠性评估体系。

1.2　研究目的、方法和意义

1.2.1　研究目的

适用范围与估算精度是加速模型研究的两大主题，本书紧紧围绕这两个主题，以扩大比例优势（PO）模型的适用范围及提高其估算精度为目标展开研究。针对 PO 模型在实际评估过程中的局限性，对其进行扩展，提出广义比例优势（GPO）模型，然后应用到加速寿命试验统计分析与优化设计方法的研究中去，从而为基于加速寿命试验产品的可靠度评估提供一种新的、效率优化的加速模型，进而为产品质量检测水平的提升提供有益的理论支撑。

1.2.2　研究的方法

本书的主要研究方法包括以下几种：

（1）理论分析、数值模拟分析与实证分析相结合的方法。本书通过对现有统计加速模型进行理论分析，建立 GPO 模型，并从理论上说明该模型在考虑了比例优势效应的同时，也考虑了时协系数效应及时间规模效应，因此是比例优势模型的一种扩展形式，较比例优势模型的适用范围更广且估计精度更高。随后，本书通过运用数值模拟分析及实证分析的方法证明了这个观点。

（2）描述统计方法。本书中体现为大量运用比较分析的方法，通过两个统计量的值，将基于 PO 模型的可靠度估计结果与基于 GPO 模型的可靠度估计结果进行了对比。此外，本书中描述统计的方法还体现在采用大量的图与表的形式对比基于不同模型的估计结果。

（3）定性研究与定量研究相结合的方法。在对加速模型理论进行综合分析时，采用定性研究方法，将各加速模型在可靠性评估过程中应用的情况进行比较和归纳，找出存在的问题，进而确定本书研究内容的主要理论依据，建立 GPO 模型；在对 GPO 模型具有更高的评估精度和更广的适用范围进行验证的过程中，采用定量研究方法，基于数值模拟数据和实证数据，建立统计模型，然后进行统计分析和模型验证。此外，本书中采用定量研究的方法还体现在将评估结果进行数量描述，为 GPO 模型在产品可靠性评估中的应用提供切实有用的量化指标及依据。

1.2.3　研究的主要意义

将时间规模效应和时协系数效应引入 PO 模型，在此基础上提出 GPO 模型，并探讨其在可靠性统计中的应用；这些工作具有重要的理论意义和现实意义，具体体现在以下两个方面：

（1）研究的理论意义。

近年来，加速模型扩展研究的兴起，为处理在更复杂条件下的基于加速寿命试验的产品可靠性评估问题提供了理论基础与解决办法。于是，扩展的加速模型已经可以解决协变量具有时协系数效应、时间规模效应等这些复杂问题。但在已存在的扩展模型中，关于比例危险模型和加速失效时间模型的扩展研究较多，而关于 PO 模型的扩展研究，尤其扩展的 PO 模型在加速寿命试验统计分析中的应用方面研究，目前还比较少见。因此，本书采用理论分析方法并结合数值模拟与实例验证方法，在综合考虑时协系数效应、时间规模效应的基础上，对 PO 模型进行扩展研究，并提供一个基于此扩展模型的加速寿命试验统计分析框架，从而进一步完善扩展的统计加速模型在可靠性统计应用中的理论，对可靠性统计理论研究具有一定的参考价值。

（2）研究的现实意义。

本书提出的 GPO 模型丰富了加速模型理论，为基于加速寿命试验的产品的可靠度评估提供了一种效率优化的加速模型，从而促进加速寿命试验技术应用于实际的可靠性工程。此外，本书通过对基于 GPO 模型的加速寿命试验统计分析与优化设计方法进行研究，极大地提高了基于加速寿命试验的可靠性评估技术水平，研究结论可为产品质量检测技术提供相关的理论基础，有利于企业提升产品质量管理水平，对产业经济的发展提供有益的技术支撑。

综上所述，从可靠性统计研究发展趋势和企业质量管理两个角度来看，本书的研究具有一定的理论意义与现实意义。

1.3　研究思路及技术路线

1.3.1　研究思路

加速模型的扩展研究包括扩展加速模型的适用范围研究和提高加速模型的估算精度研究两大方面，本书正是从这两个角度出发，采用理论研究和实证研究相结合的方法，对比例优势（PO）模型进行扩展研究。全书的研究思路如下：

（1）首先进行文献综述，根据已有的研究成果来分析可供进一步研究的问题，从而确定全书的研究内容。在对相关研究进行梳理及总结的基础上，采用理论分析的研究方法，对现有的加速模型进行概念界定及特点总结，并根据它们各自加速寿命试验统计分析中应用的特点，讨论对 PO 模型进行扩展研究的必要性。

（2）根据 PO 模型的特性及其在实际应用中的局限性，综合考虑时协系数效应及时间规模效应，在此基础上提出广义比例优势（GPO）模型，并从理论上对 GPO 模型的性质进行探讨。此后，通过数值模拟分析及实证分析，验证该模型的优化性。

（3）将 GPO 模型应用于截尾样本场合的加速寿命试验统计分析，并基于截尾样本下的加速寿命试验数据对 GPO 模型的优化效率再次进行验证。具体来说就是，使用 GPO 模型和 PO 模型分别对各截尾率下的加寿命试验数据进行统计分析，估计其对应的可靠度，并将评估结果相比较。

（4）讨论基于 GPO 模型的可靠度置信区间估计方法和模型验证方法。

（5）分别在多重恒定应力和多重步进应力的加载方式下，研究基于 GPO 模型的加速寿命试验的优化设计方法。

1.3.2 技术路线

全书研究的技术路线如图 1.3.1 所示。

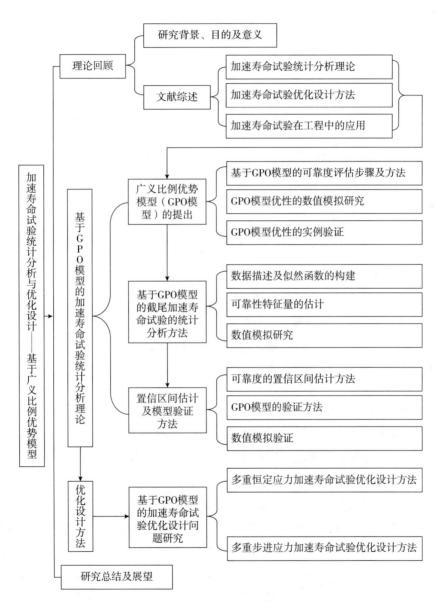

图 1.3.1 研究技术路线

1.4　研究的主要内容及创新点

1.4.1　研究的主要内容

在对国内外加速寿命试验统计分析方法和加速寿命试验优化设计理论的研究状况和发展动态进行系统性归纳和梳理的基础上，本书以理论创新和实际应用为切入点，提出一个基于比例优势假定的、较比例优势（PO）模型适用范围更为广、评估精确更高的加速模型——广义比例优势（GPO）模型。该模型既具备比例优势效应，又以时间规模效应和时协系数效应的形式考虑了应力协变量对产品寿命的时间累积效应，因此对比例优势假定的偏离程度不敏感。本书对 GPO 模型的理论性质进行了探讨，基于最简单的加速寿命试验——单应力型无截尾恒定应力加速寿命试验，建立基于 GPO 模型的加速寿命试验统计分析方法；并分别通过数值模拟和实例验证方法验证了 GPO 模型较 PO 模型的效率优化性。接下来本书将 GPO 模型应用到截尾样本下加速寿命试验数据的统计分析中，通过数值模拟，基于 GPO 模型和 PO 模型对不同截尾率下的加速寿命试验的失效数据进行分析，验证 GPO 模型较 PO 模型能更加有效地对加速寿命试验数据进行评估。然后本书通过建立 Fisher 信息矩阵和渐近方差—协方差矩阵给出可靠度的置信区间估计方法，并研究了模型验证方法。随后，本书基于 GPO 模型研究了多应力型加速寿命试验的优化设计问题，分别在多重恒定应力和多重步进应力两种应力加载方式下，以一段时间内设计应力条件下可靠度估计的方差最小为优化目标，给出了多应力型加速寿命试验的优化设计方案。此外，为了将基于 GPO 模型的加速寿命试验统计分析理论和优化设计方法应用于实际可靠性工程中，本书利用 C 语言开发了"基于 GPO 模型的加速寿命试验统计分析"的软件包，解决了产品可靠性评估过程中参数估计困难、可靠度函数估计困难、置信区间估计困难等问题。

本书的具体研究内容如下：

第 1 章为绪论。本章介绍了本书的研究背景，指出加速模型在可靠性研究领域的重要性,详述了对 PO 模型进行扩展研究的目的和意义,并阐明了本书的研究方法及技术路线,提出了本书的主要研究内容以及主要创新点。

第 2 章是文献综述。本章首先回顾了加速寿命试验统计分析方面研究的成果,并介绍了加速寿命试验技术在我国工程中的应用研究情况,然后系统地梳理了加速模型的分类,分别对物理加速模型及统计加速模型进行了详细介绍,并对扩展加速模型的研究状况进行了归纳分析。接下来,本书对加速寿命试验的优化设计研究成果进行了综述。最后,本书指出了国内外有关扩展加速模型研究成果中存在的不足。

第 3 章提出了一个新的加速模型——广义比例优势模型(简称 GPO 模型)。本章首先介绍了比例优势模型,该模型作为一个重要的统计加速模型,在加速寿命试验数据满足比例优势假定时,能很好地拟合数据从而给出精确的可靠度估计;但是该模型的适用范围较小。如何对 PO 进行扩展,从而能适用于更多的加速寿命试验的统计分析过程,是一个值得深入研究的问题。为此,本书在同时考虑比例优势效应、时协系数效应及时间规模效应的情况下,提出 PO 模型的扩展模型——GPO 模型,并通过对 GPO 模型的性质分析,从理论上说明该模型较 PO 模型的应用范围更为广泛;接下来,本书建立了基于 GPO 模型的加速寿命试验统计分析框架;随后,通过数值模拟,将 GPO 模型和 PO 模型对同一组加速寿命试验数据进行分析,模拟结果表明,基于 GPO 模型的评估结果较基于 PO 模型的评估结果更为精确。此外,本书将 GPO 模型应用于一个实例,分别基于 GPO 模型和 PO 模型对 Maranowski 和 Cooper(1999)中 6H-SiC MOS 电容器的 TDDB 数据进行统计分析,通过结果对比,验证了 GPO 模型在实际应用中的有效性。

第 4 章将 GPO 模型应用到截尾样本场合的加速寿命试验的统计分析中。首先利用 GPO 模型将应力协变量与优势函数联系起来,在同时考虑时协系数效应、时间规模效应及比例优势效应的情况下,给出协变量作用下的产品优势函数表达式。然后根据优势函数建立似然函数方程,并求解协变量系数,从而计算产品在各应力水平下的可靠性指标。此外,本章通过数值模拟,基于 GPO 模型和 PO 模型对不同截尾率下的加速寿命试验的失效数据进行分析，分析结果表明：在截尾率为 0%、5%、10% 和 15% 的情况下，基于 GPO 模型估计的可靠度的精度始终高于基于 PO 模型估计的可靠度的精度。从而说明，与 PO 模型相比较而言，利用 GPO 模型能更加有效地对加速寿命试验数据进行评估，且能够减少数据信息的损失，因此能得到具有更高评估精度的可靠性估计值。

第 5 章讨论了基于 GPO 模型评估的可靠度的置信区间估计和模型验证方法。本章通过构造一个与模型参数相关的统计量，根据该统计量的分布来计算可靠性特征值的置信区间估计。首先建立 GPO 模型的 Fisher 信息矩阵，通过 Fisher 信息矩阵，计算出 GPO 模型参数的渐近方差—协方差矩阵，从而给出模型参数评估值的置信区间，进而给出产品可靠度估计的置信区间。此外，本章还对 GPO 模型的有效性进行了研究：分别利用 PO 模型和 GPO 模型对同一组加速寿命试验数据进行评估，然后基于评估结果构建似然比统计量，从而建立验证 GPO 模型的有效性的方法。最后数值模拟结果表明，利用在本章所提出的方法可以计算得到准确的可靠度估计的置信区间。

第 6 章探讨了基于 GPO 模型的多应力型加速寿命试验优化设计问题。本章分别在多重恒定应力和多重步进应力的加载方式下，以设计应力条件下一段时间内的产品可靠度估计值的渐近方差最小为优化目标，描述了加速寿命试验优化设计的问题程式，建立优化设计的数学模型，然后采用 Powell（1992）提出的线性近似约束优化算法（Constrained Optimization BY Linear Approximations，COBYLA），给出了基于 GPO 模型的加速寿命试验最优设计方案。

第 7 章为本书的结论和展望。本章对本书的研究内容作了一个简短的总结，指出了本研究的不足，并对本研究相关的未来研究方向进行了展望。

1.4.2　本书的创新点

综观前文所述，本书主要是在考虑应力协变量对产品寿命的时间累积效应的基础上，将时间规模变化效应和时变系数效应引入比例优势模型，从而提出一个新的加速模型——GPO 模型；并以模型为基础，建立基于加

速寿命试验的产品可靠性评估体系。

本书研究的主要创新点可以归纳为以下几点：

（1）提出了一个新加速寿命试验模型——广义比例优势模型（Generalized Proportional Odds Model，简称 GPO 模型）。

国内外对扩展加速模型的研究成果大都集中在对比例危险模型和加速失效时间模型的扩展研究上，而对 PO 模型的扩展研究还非常少见，个别的文献涉及了 PO 模型在医学研究方面的应用，但对于 PO 模型的扩展研究及其扩展模型在可靠性评估中的应用，研究成果非常少见。针对该问题本书在 Zhang（2007）提出的"基于 PO 模型的加速寿命试验的统计分析"基础上，同时考虑时协系数效应和时间规模效应提出了 GPO 模型，该模型不仅具备比例优势效应，还以时协系数效应和时间规模效应的形式考虑了应力协变量对产品寿命特征的时间累积效应，因此能更加有效地拟合实际可靠性试验数据，且对比例优势假定的偏离程度不敏感。此外，本书对 GPO 模型的统计性质进行了讨论，并通过理论分析、模拟分析及实证分析的方法，证明了 GPO 模型较 PO 模型具有更高的评估精度和更广泛的适用范围。

（2）将 GPO 模型应用在加速寿命试验统计分析过程中，建立基于 GPO 模型的加速寿命试验统计分析框架。

本书在提出 GPO 模型之后，将其应用于加速寿命试验的统计分析中，建立基于 GPO 模型的加速寿命试验的产品可靠性评估框架，系统全面地分析了该模型在可靠性评估过程中的应用情况。先将 GPO 模型应用于最简单的加速寿命试验——单应力无截尾恒定应力加速寿命试验，建立了极大似然函数，利用极大似然理论评估模型中的各个参数，给出可靠度的估计；然后将 GPO 模型应用于截尾样本情况的加速寿命试验的统计分析；并讨论了基于 GPO 模型的可靠度估计的置信区间估计方法和模型验证方法。

（3）将 GPO 模型应用在加速寿命试验优化设计过程中，给出基于 GPO 模型的加速寿命试验优化设计方法。

尽管加速寿命试验相比设计应力条件下的寿命试验节省了时间花费和成本，但是通过外推获得的可靠性估计不可避免地不够精确。为了获得更为精确的估计，一个有效的办法是设计一个试验计划——在每一个适当选择的应力水平下，对受试产品进行合理分配。换句话来说，一个优化的加速寿命试验设计方案将会得到更精确的设计应力条件下的可靠性估计。然而，单应力下加速寿命试验的设计可能忽略其他会导致产品失效的应力的影响，故本书基于 GPO 模型对多种应力情形下的加速寿命试验的优化设计进行了研究，在恒定应力和步进应力两种应力加载方式下，以设计应力条件下一段时间内产品可靠度估计值的渐近方差最小为优化准则，建立优化设计方法的数学模型，给出了加速寿命试验的优化设计方案。

❷
文献综述

产品的可靠性指标可为产品质量管理与控制系统提供重要的参考信息，对产品的可靠度进行精确评估有着重要的经济意义。随着科技的发展，生产技术水平的日益提高，通信工程、电子工业、军事、航空航天等诸多领域中出现了越来越多的高可靠性长寿命产品，加速寿命试验技术成为产品可靠性评估的共性关键技术。加速寿命试验技术研究是可靠性研究领域的热点问题，该研究分为统计分析方法研究和优化设计方法研究两大方面。

本章首先对加速寿命试验在我国实际工程中的应用研究进行综述，然后回顾加速寿命试验统计分析方法的研究现状，并重点介绍目前存在的加速模型，之后评述国内外专家学者关于加速寿命试验优化设计方面的研究成果。

2.1 加速寿命试验在我国实际工程中应用的研究综述

在我国，加速寿命试验技术已被应用到军事、电子工业、航空航天、机械工业等诸多工程领域。在军事领域，弹药作为作战装备，其特性是长期贮存、一次使用，因此，其安全贮存和可靠使用具有非常重要的军事意义。目前，对弹药贮存可靠性的研究已广泛采用加速寿命试验技术，并取得了相当重要的应用研究成果，详见卢秋红等（2000）、胡思平等（2000）、李道清等（2000）。He-Ne 激光器是我国主要的气体激光器产品，为对其可靠性进行研究，南京工学院于 1981 年主持进行了 He-Ne 激光器的加速寿命试验，该试验中的加速应力方式为加大激光器工作电流，并由此建立了 He-Ne 激光器的加速模型，取得了重要的研究成果，详见杨之昌等（1989，1998）、王喜山等（1987）。为研究某变容二极管的可靠性，天津电子仪表质量中心试验采用了步进应力加速寿命试验方法，从而实现了高可靠二极管的可靠性评估（郭峻，1988）。马海训等（1994）采用加速寿命试验技术方法对黑白电视机的寿命进行评估，使得电视机寿命评估试验的时间大大缩短，在实际工程中取得了非常大的经济效益。洛阳轴承研究所将加速寿命试验技术应用于轴承的寿命研究试验中，使试验时间及试验经费都节约了 1/3 以上，经济效益十分明显，研究成果见王坚永（1996）。此外，在对航空系统的输油泵、液压泵及燃油泵的寿命进行研究的试验中，加速寿命试验技术也被广泛采用，研究成果见张苹苹（1992，1995）。目前，在我国低压电机的可靠性评估试验中，主要采用恒定应力加速寿命试验技术，国家为此制定了相应的标准 JB/DQ 320586，上海电器科学研究所等单位将步进应力加速寿命试验技术应用于低压电机的可靠性评估试验中，已取得了一些成功的研究成果，详见杨士特等（1990）、茆诗松等（1997）。目前，我国电光源寿命检验试验中也成熟地应用了加速寿命试验技术。例如，普通照明灯泡的熔断寿命基本上都是采用加速寿命试验技术进行检验，国家为此于 1989 年颁布了相关的国家标准 GB 1068189。一些专家学者将加速寿命试验技术应用于航天电连接器的可靠性评估中，取得的研究成果见陈文华（1997，2001，2006）、刘俊俊（2009）等。宋阳等（2012）利用加速寿命试验使得空空导弹电子产品加速老化，从而可以快速对其贮存使用寿命进行评估。张雪强（2012）将加速寿命试验技术应用于高速公路的路面路用性能评价中。鲍进（2014）在智能电能表的可靠性评估过程中应用了加速寿命试验技术，从而可以在较短的时间内检验其可靠性。近两年，北京航空航天大学、金城南京机电液压工程研究中心和北京机械工业自动化研究所的研究人员基于加速寿命试验技术对航空液压泵的可靠性研究，取得了一系列瞩目的成果，详见马纪明、阮凌燕、付永领、陈娟、祁晓野、罗经（2015，2016）。

2.2　加速寿命试验统计分析方法及加速模型研究综述

2.2.1　加速寿命试验统计分析方法的研究综述

加速寿命试验按照应力加载方式可分为三类：恒定应力加速寿命试验、步进应力加速寿命试验和序进应力加速寿命试验。恒定应力加速寿命试验的试验方法为：事先选定一组高于正常应力水平 z_0 的加速应力 z_1，z_2，$\cdots$，z_k，然后将样品分为 k 组，各组分别在一个加速应力水平下进行寿命试验，至指定的时间（截尾时间）或出现指定的失效数目（截尾个数）时，试验停止。实际上，恒定应力加速寿命试验是由不同应力水平下同时进行的若干个寿命试验组成。步进应力加速寿命试验也是事先选定一组高于正常应力水平 z_0 的加速应力 z_1，z_2，$\cdots$，z_k，$z_1 \leqslant z_2 \leqslant \cdots \leqslant z_k$，起初将全部样品在应力水平 z_1 下进行试验；经过一段时间后，将没有失效的样品放在更高的应力水平 z_2 下进行试验；如此逐步提高应力水平，直至达到指定的试验时间或获得指定的失效样品数目，试验停止。序进应力加速寿命试验和步进应力加速寿命试验的试验方法相似，但是序加试验选取的应力水平是试验时间的增函数。下面分别叙述这三种试验技术研究的状况。

（1）恒定应力加速寿命试验。

由于恒加寿命试验实施起来比较简单，国内外最先发展起来的加速寿命试验技术是恒加寿命试验技术。Mazzuchi 和 Soyer（1992）研究了基于动态模型的线性 Bayes 推断方法，从而提高了小样本情形下恒定应力加速寿命试验的评估精度。Hirose（1993）探讨了加速模型中的非线性问题，通过在加速模型中引入阈值应力的方法改进了模型，提高了恒定应力加速寿命试验的评估精度。Watkins（1994）基于 Weibull 分布研究了恒定应力加速寿命试验统计分析的极大似然估计理论，构造了简化的数值求解模型，使其便于应用在实际工程中。Bugaighis（1995）分析了不同的截尾类型对

Weibull 对数线性模型中参数极大似然估计值的影响。McLinn（1999）在各量级下寿命分布之间引入了一种约束关系，其结论改善了评估结果的精度。在 McLinn（1999）的基础上，Wang 和 Keeeeioglu（2000）对参数约束问题做了进一步的讨论，提出利用 0、Ⅰ、Ⅱ三个模型对参数约束建模，并构造了 WK-MLE 数值求解法，从而，基于 Weibull 对数线性加速模型的极大似然估计过程，数值迭代方法的初始值敏感问题得到了解决。针对参数中间估计量之间具有相关性的问题，张志华和茆诗松（1997）改进了恒定应力加速寿命试验统计分析中最常用到的二步估计法，并提出了两种新的简单线性无偏估计法（BGLUE，RGLUE）和两种新的线性不变估计法（BGLIE，RGLIE），其结果提高了恒定应力加速寿命试验的评估精度。针对二步分析法中估计量之间具有相关性的问题，孙利民和张志华（1997）也进行了讨论，利用协方差改进法对中间估计进行了优化，从而减小了估计方差。王炳兴等（2002）基于恒定应力加速寿命试验数据研究了 Weibull 分布下可靠度的近似无偏估计以及近似区间估计方法。顾龙全等（2006）在指数分布场合研究了恒定应力加速寿命试验中常见的几类数据（完全数据、分组数据、删失数据）的 Bayes 统计分析方法。田云霞（2007）利用微分的方法研究了指数分布下简单恒定应力加速寿命试验的加速模型中参数的极大似然估计方法。针对传统计算方法的不足，林静等（2007）提出了 Weibull 恒定应力加速寿命试验模型，该模型是贝叶斯加速失效模型族中应用最为广泛的一种模型。郑德强等（2008）研究了 Weibull 分布场合恒定应力加速寿命试验的分组数据的统计分析方法。董立峰等（2012）在广义指数分布场合下，基于极大似然估计理论对恒定应力加速寿命试验数据进行了统计分析。郑光玉和师义民（2013）在两参数广义指数分布下，研究了自适应逐步Ⅱ型混合截尾恒定应力加速寿命试验的统计分析方法。管强等（2014）在产品寿命分布为广义指数分布时，研究恒定应力加速寿命试验的贝叶斯统计方法。毕然和武东（2014）利用 CE 模型对 Weibull 分布下定时和定数截尾恒定应力加速寿命试验数据进行了 Bayes 统计分析，基于 Laplace 方法计算出了该模型参数的近似 Bayes 估计。

（2）步进应力加速寿命试验。

1961 年，贝尔实验室的 Dodson 和 Howard 在对电子产品进行可靠性试

验时最先提出了步进温度应力试验方法。对步进应力加速寿命试验进行统计分析的里程碑式的研究成果，是 Nelson（1980）提出的著名的 Nelson 原理。根据该原理，可以将不同加速应力水平下的产品寿命进行互相折算。Nelson 原理使步加寿命试验的统计分析技术取得了重大突破。作为应用，Nelson（1980）利用 Nelson 原理对基于步加寿命试验的电缆绝缘材料的失效数据进行了统计分析，利用极大似然估计法得到了设计应力水平下该材料寿命分布的参数估计。Nelson（1980）的研究使步加寿命试验技术研究工作取得了重大进展。之后，Bhattachargga（1989）提出了步进应力加速寿命试验的损伤失效率模型。Tyoskin 和 Krivolapov（1996）基于步进应力加速寿命试验研究了参数区间估计的方法，并建立了非参数模型对此进行求解。针对 Nelson 原理对无失效步进应力量级进行分析时存在的问题，Tang 和 Sun（1996）提出了线性累积失效模型，并将此模型应用于步加寿命试验数据的统计分析。茆诗松等（1985）根据指数分布下有序统计量的特性，研究了指数分布下步加寿命试验的统计分析方法。葛广平等（1992，1994）对威布尔分布及对数正态分布下步加寿命试验的统计分析进行了研究，并对步加寿命试验的极大似然估计（MLE）理论方法进行改进，降低了利用 MLE 求解多元函数最值的难度。吴绍敏和程细玉（1999）研究了产品寿命为 Weibull 分布时的步进应力加速寿命试验的统计分析方法，将其中的确定关系和不确定关系分开讨论，较大地改善了评估算法的复杂性。徐晓岭和费鹤良（1999）研究了 Weibull 分布下加速模型为逆幂律模型的定数截尾步加寿命试验的统计分析，并计算了模型参数的点估计及区间估计。此外，徐晓岭（2004）研究了两参数 Weibull 分布下逐步增加的 II 型截尾步进应力加速寿命试验，利用损伤失效率模型（TFR 模型）对寿命数据进行统计分析。王蓉华（2005）首次在离散型寿命分布场合下应用损伤失效率模型（TFR 模型），并基于该模型对产品寿命服从几何分布的简单步加试验进行统计分析。王蓉华（2006）利用损伤失效率模型对两参数指数分布场合下截尾步进应力加速寿命试验进行了统计分析。徐晓岭（2007）研究了寿命分布为几何分布的产品，在步加试验 TFR 模型下的寿命分布的步进形式。王蓉华（2007）基于损伤失效率模型研究了两参数指数分布下无截尾步进应力加速寿命试验的统计分析问题。徐晓岭（2009）

研究了寿命分布服从几何分布的产品在步进应力加速寿命试验 TFR 模型下的寿命分布形式，并对截尾样本场合进行了统计分析。王蓉华（2009）基于 Gompertz 分布下产品的多步步加试验，利用损伤失效率模型进行统计分析，并给出了模型参数的极大似然估计及其拟矩估计。此外，王蓉华（2010）基于单参数指数分布场合下截尾简单步进应力加速寿命试验，利用损伤失效率模型进行统计分析，并给出了模型参数的极大似然估计及其拟矩估计。徐晓岭（2015）研究了由两个失效率为常数的单元串联而成的系统，对该系统进行定时截尾步进应力加速寿命试验，基于屏蔽数据给出了参数的极大似然估计和近似区间估计。

（3）序进应力加速寿命试验。

序加寿命试验中加载的应力是时间的连续增函数，即应力水平随时间连续上升，从而样品失效的速度越来越快。序加寿命试验的加速效率比恒加试验和步加试验的试验效率都要高，因此，这种试验技术逐渐被广泛采用，并成为一类基本的加速寿命试验方法。

1958 年，Kimmel 在电子产品的可靠性试验中首先采用了序进应力加速寿命试验方法。此后，我国许多学者对序加寿命试验统计分析技术展开了研究并取得了非常多的研究成果。殷向康和沈宝中（1987）推导了威布尔分布下序加寿命试验所对应的分布函数，并给出了参数的极大似然估计。他们还指出，序加寿命试验的极大似然估计值不一定存在，即使在产品寿命服从指数分布的情况下，也要求失效数据满足一定的约束条件。林正宁和费鹤良（1987，1991）在 Weibull 分布及对数正态分布场合研究了序进应力为 $z(t) = kt$ 下的序加寿命试验的统计推断，并将研究成果应用于固体钽电解电容器的可靠性研究中。马海训等（1991）推导了对数正态分布下的序加寿命试验对应的分布函数，并研究了该分布下的序加寿命试验的统计分析方法。王玲玲等（1995）也讨论了对数正态分布下序加寿命试验的统计分析方法。汤银才和费鹤良（1991）、徐晓岭（1997）研究了 Weibul1 分布下多组序加寿命试验的参数估计问题，其中徐晓岭（1997）提出参数估计的方法的复杂性较小，十分有利于实际工程中的应用。针对费鹤良等（1987，1991）所提出的分析方法可能存在无解的情况，汤银才和费鹤良（1998）提出了一种新的序加寿命试验的参数估计方法，并利用

C 语言开发了相应的软件包。王炳兴和王玲玲（1999）研究了指数分布下具有竞争失效机理的序加寿命试验模型以及参数的点估计，并推导了参数的极大似然估计量与逆矩估计量。沈最意等（2003）以对数正态分布序加场合下加速寿命试验数据统计分析的 5 个基本假定为基础，研究了模型参数的极大似然估计方法和极大似然估计与回归估计相结合的方法。随后，王蓉华（2004）首次将步进应力加速寿命试验损伤效率（TFR）模型推广至序进应力加速寿命试验。徐晓岭等（2006）在 Gompertz 分布下基于损伤失效率模型研究了序进应力加速寿命试验的统计分析方法。沈最意等（2006）研究指数分布场合循环序进应力加速寿命的统计分析方法，构建了试验下产品寿命的分布函数及试验的统计模型，并给出了模型参数的估计。张学新和费鹤良（2009）研究了指数分布场合多组序进应力加速寿命试验的统计分析问题。何友谊等（2010）研究了双参数指数分布下定数截尾样本场合的序进应力加速寿命试验的统计分析问题。

2.2.2 加速模型研究综述

Elsayed（1996）基于加速寿命模型提出的方法将其分为两类：物理加速模型和统计加速模型。并将统计加速模型细分为参数模型和非参数模型，其中，参数模型主要指加速失效时间模型，非参数模型主要指比例危险模型和比例优势模型，如图 2.2.1 所示。

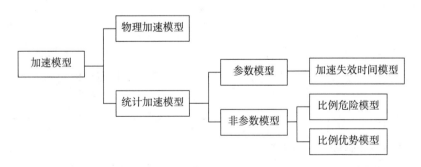

图 2.2.1 加速模型的分类

（1）物理加速模型。

物理加速模型是通过失效机理相关的物理原理或基于工程师对产品性能

长期观察的总结得到的加速模型；比较典型的物理加速模型有阿伦尼斯（Arrhennius）模型、逆幂律模型、艾林（Eyring）模型等。其中，Arrhennius模型主要描述温度应力和产品寿命特征之间的关系；逆幂律模型主要描述电应力与产品寿命特征之间的关系；艾林（Eyring）模型是基于量子力学理论提出的加速模型。

Arrhenius（1880）通过大量研究发现，以温度作为加速应力，对电子元器件、绝缘材料等产品进行加速寿命试验时，产品寿命与温度应力之间的关系满足如下模型：

$$\theta = Ae^{E/ks}$$

式中，θ 为产品寿命特征；A 为常数，且 $A > 0$；E 为激活能，与产品材料有关；k 为波尔兹曼常数，值为 $8.617 \times 10^{-5} ev/^0c$；$S$ 为绝对温度。该加速模型被称为 Arrhenius 模型。由模型表达式可见，寿命特征值随温度上升按指数下降。对此模型取对数，可得：

$$\ln\theta = a + b/S$$

式中，$a = \ln A$，$b = E/k$ 均为待定参数，即产品寿命特征量的对数是温度应力水平值倒数的线性函数。

此外，一些研究人员发现，以电应力（电压、电流、功率等）作为加速应力对某些产品进行加速寿命试验时，产品的寿命特征与电应力之间存在如下关系：

$$\theta = \frac{A}{S^B}$$

式中，θ 为产品寿命特征；A 为常数，且 $A > 0$；B 是一个与激活能有关的常数；S 是电应力。此模型称为逆幂律模型。对此模型取对数，可得：

$$\ln\theta = a + b\ln S$$

式中，$a = \ln A$，$b = -B$ 均为待定参数，即产品寿命特征量的对数是电应力水平值倒数的线性函数。

对于以温度作为加速应力的加速寿命试验进行统计分析时，也常常以艾林模型作为加速模型，其表达式为：

$$\theta = \frac{A}{S}\exp\left(\frac{B}{kS}\right)$$

式中，θ 为产品寿命特征；A、B 为待定常数；k 为波尔兹曼常数，值为 $8.617 \times 10^{-5} ev/^0c$；$S$ 为绝对温度。在温度应力的变化范围比较小的情况下，该模型近似为阿伦尼斯模型。

（2）统计加速模型。

基于统计分析方法将寿命特征量与应力协变量联系起来的加速模型被称为统计加速模型，这种模型常被用来对难以用物理或化学方法进行解释的加速寿命试验数据进行分析。统计加速模型分为参数模型与非参数模型，使用参数模型对加速寿命试验数据进行统计分析，需要预先指定产品寿命的分布形式；使用非参数模型对加速寿命试验数据进行统计分析，需要预先判定失效数据是否满足模型假定。

Prentice（1978）提出加速失效时间模型（Accelerated Failure Time Model，简称 AFT 模型），该模型认为应力协变量对失效时间有倍乘作用，或者说，应力协变量与对数失效时间呈线性关系，表达式为 $T_z = T_0 \cdot e^{\beta^T z}$，其中 z 为加速应力向量，T_z 为应力水平 z 下产品的失效时间；T_0 为常应力水平下的失效时间。对 AFT 模型表达式两边取对数，可得 $\ln T_z = \ln T_0 + \beta^T z$，故 AFT 模型又称为对数线性模型，从其表达式可以看出，该模型表示的是对数寿命与加速应力之间的回归关系。AFT 模型为参数模型，在使用该模型进行加速寿命试验数据统计分析时，需预先判定产品的寿命分布。

Cox（1972）提出了比例危险模型（Proportional Hazard Model，简称 PH 模型），也称为 Cox 模型，该模型假设基准危险率函数 $\lambda_0(t)$ 与协变量 z 作用下的危险率函数 $\lambda(t, z)$ 存在如下比例关系：

$$\lambda(t, z) = g(\beta, z) \lambda_0(t)$$

其中，g 为一正函数，满足 $g(0, 0) = 1$，β 为未知回归参数向量；基准危险率函数 $\lambda_0(t)$ 是时间 t 的函数，与协变量 z 无关。由于模型中 $\lambda_0(t)$ 与回归参数向量 β 都是未知的，所以模型 PH 是一种半参数模型。在实际应用中，一般则取 $g(\beta, z) = \exp(\beta^T z)$。这时 PH 模型表示为：

$$\lambda(t, z) = \lambda_0(t) \cdot \exp\left(\sum_{j=1}^{p} \beta_j z_j\right)$$

其中，$z = (z_1, \cdots, z_p)^T$ 是协变量向量。在加速寿命试验中，它表示对受试产品所施加的应力水平的列向量；$\beta = (\beta_1, \cdots, \beta_p)$ 为未知回归参数向量；p 为协变量数目。可以看出，对任意两个协变量向量 z_1 和 z_2，它们作用下的危险率函数 $\lambda(t, z_1)$ 和 $\lambda(t, z_2)$ 之比是一个与时间无关的常数。若指定基准危险率函数 $\lambda_0(t)$，则 PH 模型中的参数 β 可以用极大似然估计方法进行估计；然而，Cox（1975）提出的偏似然方法，使得在 PH 模型中，无须指定基准危险率函数 $\lambda_0(t)$ 也可以对未知参数向量 β 进行估计。

Brass（1971）观察到不同应力水平下两组寿命危险率函数的比率是随时间变化的，因而 PH 模型不适合这样的情况；于是他（1974）提出了优势函数的概念，优势函数定义为受试产品在时间 t 发生故障上的优势（失效的概率）和可靠性（存活的概率）之间的比，表达式如下：

$$\theta(t) = \frac{P(T \leq t)}{\rho(T > t)} = \frac{F(t)}{R(t)} = \frac{F(t)}{1 - F(t)}$$

其中，T 是受试产品的失效时间。由表达式可以看出，优势函数 $\theta(t)$ 也可以看作是受试产品寿命大于 t 的概率与小于 t 的概率之比。在此基础上，Brass（1974）提出比例优势模型（PO 模型），即不同协变量下的优势函数称为比例。该模型定义如下：

$$\theta(t, z) = \theta_0(t) \exp(\beta' z)$$

其中，$\theta_0(t)$ 为基本优势函数；$z = \{z_1, \cdots, z_k\}$ 为协变量；$\beta = \{\beta_1, \cdots, \beta_k\}$ 为未知回归参数向量；k 为协变量个数。

Zhang 和 Elsayed（2005）将 PO 模型应用于加速寿命试验领域，他们将加速应力水平 z 下的优势函数 $\theta(t, z) = \dfrac{F(t, z)}{R(t, z)} = \dfrac{F(t, z)}{1 - F(t, z)}$ 定义为产品在 t 时刻失效的概率和在 t 时刻未失效的概率之比。此外，他们研究发现，产品的基准优势函数近似为二次函数的形式，并可利用极大似然理论来估计模型参数。Zhang（2007）基于 PO 模型建立了加速寿命试验的评估体系，并研究了基于 PO 模型的加速寿命试验的优化设计方法。该研究的结果表明：比例优势模型是一个重要的非参数模型，当加速寿命试验数据满足比例优势假定时，基于该模型进行评估得到的产品可靠性会比较精确。故在常数基准危险率假设不能成立时，比例优势模型可作为比例风险模型的一个替代模型对试验数据进行统计分析。

（3）扩展的统计加速模型。

由于 PH 模型能简单、直观地量化应力水平和产品寿命之间的关系，

且估计程序较简单，故该模型在加速寿命试验数据分析中被广泛使用。然而在实际应用中，两组压力下的危险率之比并不总是常数，因而常数基准危险假设并不总能成立，这种情况下使用 PH 模型得到的估计结果就会有较大偏差。AFT 模型是一种参数模型，使用该模型需预先指定产品的寿命分布，如果产品寿命的实际分布与预先指定的分布不同，评估结果会出现较大的误差。PO 模型是在比例优势的假定下提出的，若在该假定不满足的情况下使用 PO 模型对加速寿命试验数据进行统计分析，评估结果也会出现较大的误差。基于统计模型在实际应用中存在的上述局限性，国内外研究人员提出了一些扩展的统计加速模型，主要研究成果如下：

Cox 和 Oakes（1984）指出，当比例危险假设不成立时，可以用时间的线性函数来表示协变量系数，并由此提出了线性时变系数比例危险模型：

$$\lambda(t, z) = \lambda_0(t) \exp\left[(\beta_1{}' + \beta_2{}'t)z \right]$$

其中，β_1 和 β_2 为模型的待估参数。该模型考虑了时变系数效应，在协变量与时间之间有交互作用的情况下，基于该模型的评估结果的精度要高于基于 PH 模型的评估结果的精度。

Kalbfleisch 和 Prentice（1980）在考虑了与时间相依的协变量（time dependent covariates）的情况下，提出了如下扩展的 PH 模型：

$$\lambda(t, z(t)) = \lambda_0(t) e^{\beta^T z(t)}$$

其中，$z(t)$ 表示 t 时刻的加速应力水平。

Hastie 和 Tibshirani（1990）提出了广义可加比例危险模型（Generalized Additive Proportional Hazards Model，简称 GAPH 模型）：

$$\lambda(t, z) = \lambda_0(t) \exp\left(\sum_{j=1}^{p} f_j(x_j) \right)$$

这里 $f_j(x)$ 是未指定的单变量的光滑函数，通常是三次样条函数。此模型也可用来检验 PH 模型中关于协变量影响的假设。

Etezadi-Amoli 和 Ciampi（1987）提出了扩展的危险回归模型（Extended Hazard Regression Model，简称 EHR 模型），该模型的形式如下：

$$\lambda(t, z) = \lambda_0(t e^{\alpha^T z}) e^{\beta^T z}$$

其中，α 和 β 为未知参数向量。我们可以看出，当 $\alpha = 0$ 时，该模型为 PH 模型；当 $\alpha = \beta$ 时，该模型为 AFT 模型。所以说，EHR 模型是 PH 模型和 AFT 模型的扩展形式。该模型既考虑了比例危险效应，又考虑了时间规模变化效应，因而较 PH 模型和 AFT 模型的适用范围更广。

Xindong Wang（2001）在 EHR 模型的基础上，提出了扩展的线性危险回归模型（Extended Linear Hazard Regression Model，简称 ELHR 模型），该模型假设协变量系数随时间呈线性变化，具体表达式如下：

$$\lambda(t, z) = \lambda_0 \left(te^{(\alpha_1^T + \alpha_2^T tz)} \right) e^{(\beta_1^T + \beta_2^T tz)}$$

其中，α_1，α_2，β_1，β_2 均为未知参数向量。可以看出，ELHR 模型是 EHR 模型的扩展形式，该模型同时考虑了比例危险效应、时间规模变化效应及时协系数效应，应用范围更为广泛。

Huang（2008）在加速寿命试验研究领域引入了将 Aranda-Ordaz 参数族及其衍生模型，基于此提出了比例危险—比例优势模型，定义为：

$$g(t, z) = \frac{\dfrac{1}{R^c(t, z)} - 1}{c}$$

其中，c 为转移参数，$g(t, z)$ 可根据 c 的取值情况定义为 $g_{c \to 0}(t, z) = \ln R(t, z)$ 以及 $g_{c=1}(t, z) = \dfrac{F(t, z)}{R(t, z)}$。比例危险—比例优势模型是比例危险模型和比例优势模型的扩展模型。当加速寿命试验数据满足比例危险效应或比例优势效应时，利用该模型进行评估得到的评估值和基于比例危险模型或比例优势模型得到的评估值有相同的精度；当比例危险假定和比例优势假定都不成立时，该模型依然适用，此时利用该模型得到的评估值比基于比例危险模型或比例优势模型的评估值的精度都要高。因此，比例危险—比例优势模型较比例危险模型和比例优势模型的适用范围都要更广泛。

Huang（2009）提出了扩展的比例危险—比例优势模型，表达式形式为 $g(t, z) = e^{(\alpha_0 + \alpha_1 t)z} \cdot g_0 \left(te^{(\beta_0 + \beta_1 t)z} \right)$，其中 α_0，α_1，β_0，β_1 均为未知参数向量。当 $\alpha_1 = \beta_0 = \beta_1 = 0$ 时，该模型即 Huang（2008）提出的比例危险—比例优势模型。但是该模型只适用于数据量较大的情况，不易于在可靠度评估工程中实施。

2.3 加速寿命试验优化设计研究的综述

加速寿命试验的方案会影响到可靠度估计的精度，因此，为减少利用加速模型对产品寿命及可靠性进行外推时的误差，并提高评估结果的精度，应对加速寿命试验进行优化设计。所谓加速寿命试验的优化设计，即在给定应力范围、样品数量等条件下，根据优化准则，决定如何选取各个应力水平的值，以及在各应力水平下投放样品的数量等问题，从而使得各可靠性指标的估计更精确，并节省试验时间及费用。一般来说，恒加寿命试验的优化设计需确定应力水平数及在各应力水平下受试产品的分配个数；而步加寿命试验的优化设计除这些之外还需确定应力转换的时间。

进行加速寿命试验的优化设计，使用的优化准则通常包括D-最优准则和V-最优准则：D-最优准则是使参数估计值的协方差矩阵的行列式值达到最小。故在估计参数的过程中，若是采用极大似然方法，则根据极大似然估计的渐近正态性，参数估计的协方差矩阵即为 Fisher 信息矩阵的逆矩阵。因此，对于大样本来说，D-最优准则是使参数的 Fisher 信息阵的行列式值达到最大。V-最优准则是使设计应力条件下平均寿命估计的渐近方差 $AVar(M\hat{T}TF_0)$ 达到最小。此外，也有一些加速寿命试验的设计以试验成本最小化为准则，但比较少见。

2.3.1 单应力型加速寿命试验的优化设计

在单应力型加速寿命试验优化设计问题研究方面，Chernoff（1962）研究了产品的寿命分布为指数分布的情况下，简单恒定应力加速寿命试验的优化设计问题。这是关于加速寿命试验优化设计问题研究的最早的文献。由于当时尚有许多加速寿命试验数据的统计分析问题还没有解决，故该文献并未引起研究人员的广泛注意。直至 20 世纪 70 年代以后，关于加速寿命试验的优化设计的研究才真正开展起来。

Meeker 和 Nelson 等（1975，1984）在产品寿命分布服从 Weibull 分布和对数正态分布的情况下，经过反复研究，给出了简单恒加试验的最优设计方案，这种试验只有两种加速应力水平，设计步骤是预先指定样本的一定比例，分配在低应力与高应力之间的中间应力水平上，再以对数 p 分位数方差最小为优化目标，确定样品在低应力水平与高应力水平下的分配比例。在此基础上，Meeker 和 Hahn（1985）提出了一个折中方案，以 4：2：1 的配置比例低应力水平、中间应力水平和高应力水平下样品的投放比例。恒定应力试验计划包括几个应力水平是最常用的加速寿命试验计划，这是因为这种计划容易实现且其可靠性预测模型比较实用。Nelson 和 Meeker（1978）提出了类似的最优设计方案，来估计压力过大时的威布尔分布和最小极值分布在设计应力条件下的百分数。他们假定最小的极值位置参数是应力的线性函数，尺度参数是常数。此外，恒定应力加速寿命试验设计其他的优化标准也被进行了广泛的研究。杨广宾（1994）研究了产品的寿命分布在为指数分布的情况下，具有 4 个应力水平的恒加试验的优化设计方案。刘立喜（1998）以设计应力条件下各失效机理的对数平均寿命的极大似然估计的渐近方差和最小为优化目标，研究了指数分布下竞争失效产品的简单恒定应力加速寿命试验的优化设计问题。陈文华和程耀东（1998）在线性—正态统计模型下，以产品中位寿命的极大似然估计的方差最小化为优化目标，研究了恒定应力加速寿命试验优化设计问题，并给出了某型航天电连接器的恒定应力加速寿命试验优化设计方案。此外，陈文华和程耀东（1999）研究了 Weibull 分布场合具有更一般意义的恒定应力加速寿命试验的优化设计问题，对各加速应力水平设置和各应力下样品的分配进行优化。葛广平和刘立喜（2002）基于具有 k 个未知参数的加速模型，以各失效机理的对数平均寿命 MLE 的渐近方差之和最小化为优化目标，研究了指数分布下具有 p（$p \geqslant 1$）种竞争机理、k 种加速应力的恒定应力加速寿命试验的优化设计方法。徐海燕（2005）研究了产品的寿命分布为 Weibull 分布时，定时截尾和定数截尾恒定应力加速寿命试验的优化设计方法。管强等（2009）对产品寿命分布为 Marshall-Olkin 多元指数分布时的恒定应力加速寿命试验的统计分析和优化设计问题进行了研究。樊爱霞等（2009）研究了产品寿命服从随机移走二项分布时的恒定应力加速寿命试验的优化设计问题。马济乔等（2014）基于 Burr XII 型分布建立加速模型，以样品分位寿命的渐近方差加权和最小为设计目标，给出了基于多

目标参数的液压设备的恒定应力加速寿命试验的最优设计方案。

在步进应力加速寿命试验的优化设计方法研究方面，比较经典的成果：Miller 和 Nelson（1983）假设受试样品的剩余寿命仅取决于"损伤经历"，但不记得"损伤累积"，在此基础上提出了累积损伤模型（Cumulative Exposure Model，简称 CE 模型）。此后，该研究以设计应力下平均寿命的极大似然估计的渐近方差最小为目标，基于 CE 模型给出的步进应力加速寿命试验的最优设计。Bai 等（1989）将 Miller 和 Nelson（1983）的结果推广至定时截尾的情况。随后，Bai 等（1991）研究了产品寿命分布为指数分布情况下，竞争失效产品的简单步加试验的优化设计问题。程依明（1994）基于具有 k 个未知参数的加速寿命模型，在指数分布下讨论具有了 k 个加速应力水平的步加寿命试验的优化设计问题；葛广平（1998）在程依明（1994）的基础上，研究了指数分布下竞争失效产品的恒加和步加试验的优化设计问题；并研究了在威布尔分布和极值分布场合下，简单步加试验的优化设计问题。陈文华等（2010）以设计应力条件下产品的寿命估计的方差最小化为准则，以加速应力水平及应力水平转换的时间为优化设计变量，利用极大似然估计理论和累积失效模型，提出了步进应力加速寿命试验的优化设计方法，并通过算例证明了该优化设计方法的有效性。李新翼等（2013）在寿命分布服从广义指数分布的情况下，建立定时截尾简单步进应力加速寿命试验的数学模型，以在设计应力条件下一段时间内的可靠度估计值的渐近方差最小为准则，研究了试验的最优设计方案。唐茂钢等（2015）对步进应力加速寿命试验设计的经典研究成果进行了推广，在应力个数和未知参数个数不相等的情况下，以极大似然估计量的渐近方差最小为准则，利用广义加号逆理论，研究了指数分布下定时截尾和定数截尾步进应力加速寿命试验的最优设计问题。

我国早期关于序进应力加速寿命试验优化设计的研究成果较少，且只是针对简单梯度试验（加速应力随时间线性增加的序加试验）优化设计的研究，例如：Bai 等（1992）研究了产品寿命服从威布尔分布时，简单梯度试验的优化设计方法；葛广平等（1997）研究了产品寿命服从对数正态分布时的简单梯度试验的优化设计问题。比较有代表性的成果：徐超（2014）以航天电连接器为研究对象，在威布尔分布场合下、以逆幂律模型或阿伦尼斯方程作为加速模型，研究了序进应力加速寿命试验的优化设计问题，并给出易于实施、效率高且估计精度高的应力加载方式，并基于此给出了更精确的参数估计方法。

2.3.2　多应力型加速寿命试验的优化设计

大部分关于加速寿命试验设计方面的研究都集中于单个应力的情形，应力的施加方案、各应力下样品的分配比例以及截尾时间等这些优化设计方案都可以归结为非线性优化问题。然而，对于一些可以无故障运行多年的产品，在加速寿命试验中只使用单应个力很难获得足够多的失效数据；也有许多情况下，产品的寿命取决于几个应力同时运行。这时应考虑多应力型加速寿命试验。

Nelson（1990）在同时施加两种应力——电压应力（伏/毫米）和绝缘厚度（毫米）的情况下，基于数值模拟方法研究了加速寿命试验的优化设计方案，在该研究中，电压应力是唯一的加速因子，绝缘厚度是一个普通的实验因素。Escobar 和 Meeker（1995）推广了 Nelson（1990）的研究成果，提出了两种应力都是加速应力时的加速寿命试验优化设计方案。Xu 和 Fei（2007）将他们的成果应用到了两个应力水平的步加试验，尽管 Escobar 和 Meeker（1995）及 Xu 和 Fei（2007）中两种应力的加速寿命试验优化设计方案非常实用，但却不能推广至三种或者更多种应力的情形。另外，Park 和 Yum（1996）及 Elsayed 和 Zhang（2009）采用析因设计方法，分别在寿命服从指数分布和比例优势模型研究了 ALT 优化设计方案。他们考虑的是两种应力及每种应力具有两级应力水平的情况。然而当应力的数量和每种应力的水平数增加，完全析因设计可能导致大量的应力水平组合，这使得它不适合在实际可靠性试验中实施。

目前，国内关于多应力下的加速寿命试验设计研究，大都是基于同时施加两种应力的情况进行研究。张皓（1997）以寿命分布服从指数分布的电子产品为研究对象，研究了两种应力（温度和电压）作用下的步进应力加速试验的优化设计问题，并对该试验的失效数据进行统计分析，且编制了计算机程序应用于实例分析。陈文华等（2006）研究了多重恒定应力加速寿命试验的设计方法，利用均匀正交试验理论对试验应力组合方式及试

验次数进行了确定，并以产品设计应力条件下的寿命估计的方差最小为准则，以各加速应力的水平和样品在每次试验的分配比例作为设计变量，构建了多重应力恒定加速寿命试验优化设计方案的数学模型。此外，陈文华等（2006）的另一研究成果以航天电连接器为研究背景，考虑在同时施加温度和振动应力的情况下，以广义 Eyring 模型为加速寿命模型，利用均匀正交试验理论给出了加速寿命试验最优设计方案。徐海燕和费鹤良（2008）在利用指数分布下、无交互作用的双应力作用下，定时截尾步进应力加速寿命试验的非退化试验设计和退化试验设计之间的关系，将双应力试验设计转化为单应力试验设计，以设计应力下产品的对数分位寿命 MLE 的渐近方差最小为准则，给出了无交互作用的双应力定时截尾步进应力加速寿命试验的最优设计方案，并证明该设计方案同时也是 D-最优的。付永领等（2009）在产品寿命分布为两参数 Weibull 分布时，利用含有三个未知参数的加速模型，以设计应力条件下特征寿命的极大似然估计的渐近方差最小为准则，建立双应力恒定应力加速寿命试验优化设计的数学模型，给出了最优设计方案。海卫华（2012）以热待机的剩余寿命难以进行实时预测为研究背景，基于双应力加速寿命试验数据处理的剩余寿命实时在线预测技术，研究了试验的优化设计问题，并提出了在线预测热待机剩余寿命的具体过程及详细的实施步骤。吕萌（2013）基于 Monte-Carlo 方法的数值模拟提出了一种交叉双应力步降加速寿命试验的优化设计方法，以设计应力条件下的 p 阶分位寿命估计的渐近方差最小为准则，以各应力水平和每个应力水平下的截尾数目作为设计变量，构建了优化设计的数学模型。查国清等（2015）分析了智能电表在温度、湿度、电应力、振动和磁场等条件下的性能参数，并给出了多应力加速寿命试验最优设计方案，提供了改善智能电表的可靠性及寿命的方法。周洁等（2015）以电子设备设计应力条件下中位寿命估值的渐近方差最小为设计目标，以各加速应力水平为设计变量，利用极大似然估计理论，构建了温度—湿度综合应力下加速贮存试验方案优化设计的数学模型，基于 CE 模型提出了一种最优设计方法。

2.4　本章小结

首先，本章介绍了加速寿命试验技术在我国工程中的应用研究情况，然后回顾了加速寿命试验统计分析方面研究的成果，并系统地梳理了加速模型的分类，分别对物理加速模型及统计加速模型进行了详细介绍，并讨论了扩展加速模型的研究进展情况。其次，本章对加速寿命试验的优化设计研究成果进行了综述。

随着对加速寿命试验技术研究的不断深入，越来越多的学者开始关注加速模型的研究，因为加速模型的选择直接影响基于加速寿命试验的产品可靠性评估结果。他们指出，基于 AFT 模型进行可靠性评估需预先指定产品的寿命分布类型，PH 模型和 PO 模型都是在失效数据满足一定的假定条件下才可使用，因而这些基准统计加速模型在应用于加速寿命试验的统计分析时具有局限性。为了拓宽这些模型的适用范围，丰富加速模型理论，他们提出了一些扩展的加速模型。这些扩展的加速模型将经典的加速模型作为它们的特殊形式，能提供更为精确的估计结果，并且适用范围更广。

然而现有的关于扩展加速模型研究的文献中，PO 模型的扩展研究并不多见。如何对 PO 模型进行扩展，以期提出一个比 PO 模型的适用范围更广且评估精度更高的加速模型，并将其应用于加速寿命试验统计分析与优化设计过程中，是一个有待于进一步研究的问题。

❸
GPO 模型研究

PO 模型是一个重要的非参数加速寿命模型，它与 AFT 模型、PH 模型并称为三大统计加速模型。但是如前文所述，PO 模型只适用于比例优势假设满足时的情形，当比例优势假定出现偏离时，基于 PO 模型的可靠性估计值会出现偏差。为扩展适用范围并提高评估精度，我们在本章提出广义比例优势模型（Generalized Propotional Odds Model，简称 GPO 模型）。GPO 模型为 PO 模型的扩展形式，它在考虑比例优势效应的同时也考虑了应力协变量对产品寿命的时间累积效应，因此 GPO 模型适用于比例优势假定满足时的失效数据的统计分析，却又不仅限于此。

3.1 GPO 模型的提出

Benenet（1983）提出比例优势（PO）模型，形式如下：

$$\theta(t, z) = e^{\beta z} \cdot \theta_0(t) \tag{3.1.1}$$

Zhang 和 Elsayed（2005）将此模型应用于加速寿命试验的统计分析，并证明在失效数据满足比例优势假设时，依此模型进行统计分析，能给出精确的估计结果。然而，在 PO 模型中，协变量的系数为常数，这就要求不同应力水平下的优势函数在任意时间的比例值始终为常数。在实际加速寿命试验的过程中，应力协变量一般会随时间的增加而对产品的寿命有累积作用，在这种情况下，不同应力水平下的优势函数会随时间累积而发生变动，比例优势的假定很难满足；这时若基于 PO 模型对加速寿命试验数据进行评估，可靠性特征量估计结果会出现偏差。

为扩展 PO 模型在加速寿命试验统计分析中的适用范围，并提高基于 PO 模型的产品可靠性评估精度，本书在综合考虑时协系数效应及时间规模变化效应的情况下，对 PO 模型进行扩展，提出一个新的加速模型，定义如下：

$$\theta(t,\ z) = e^{(\alpha_0 + \alpha_1 t)z} \cdot \theta_0(te^{(\beta_0 + \beta_1 t)z}) \qquad (3.1.2)$$

称此模型为 GPO 模型。GPO 模型是 PO 模型的推广，它既考虑了比例优势效应，同时也以时变系数效应和时间规模变化效应的形式考虑了应力协变量对产品寿命特征的时间累积效应，从而能在评估过程中减少数据信息的损失，且对比例优势假定的偏离程度不敏感。在 GPO 模型中，令 $\alpha_1 = \beta_0 = \beta_1 = 0$，则可得 PO 模型，即 PO 模型是 GPO 模型的一种特殊形式，因此在实际可靠性工程应用中，GPO 模型比 PO 模型的适用范围更广。

Zhang（2007）中指出，基准优势函数 $\theta_0(t)$ 近似为二次函数，可表示如下：

$$\theta_0(t) = \gamma_1 t + \gamma_2 t^2 \qquad (3.1.3)$$

将此基准优势函数代入 GPO 模型，可得：

$$\theta(t,\ z) = e^{(\alpha_0 + \alpha_1 t)z} \cdot (\gamma_1 \cdot te^{(\beta_0 + \beta_1 t)z} + \gamma_2 \cdot t^2 e^{2(\beta_0 + \beta_1 t)z}) \qquad (3.1.4)$$

$$= \gamma_1 \cdot te^{(\omega_0 + \omega_1 t)z} + \gamma_2 \cdot t^2 e^{(\nu_0 + \nu_1 t)z}$$

此处，$\omega_0 = \alpha_0 + \beta_0$，$\omega_1 = \alpha_1 + \beta_1$，$\nu_0 = \alpha_0 + 2\beta_0$，$\nu_1 = \alpha_1 + 2\beta_1$。

3.2　基于 GPO 模型的产品可靠性评估

3.2.1　可靠性指标的描述

在通常情况下，衡量一种产品质量的主要可靠性指标有产品的可靠度、不可靠度、失效率及平均寿命等，这些指标也称为产品的可靠性特征量。

产品在 t 时刻的可靠度是指产品的寿命 T 大于 t 的概率，或者是产品 t

时刻内能正常完成规定功能的概率，通常用 $R(t)$ 来表示，表达式为

$$R(t) = P(T \geq t) \qquad (3.2.1)$$

可靠度函数值的取值范围为 $[0,1]$，该值越大，说明产品在 t 时刻内能正常完成规定功能的可能性越大。基于常应力寿命试验的产品可靠度评估方法为：从 $t = 0$ 时将数量为 N 的产品投入使用，失效产品的数量随着时间的推移逐渐增加，而能够正常工作的产品数量逐渐减少。用 $R(t)$ 表示产品在 t 时刻的可靠度，$n(t)$ 表示 t 时刻的失效产品数量，则可靠度的计算公式为：$R(t) = P(T > t) = \dfrac{N - n(t)}{N}$。可见，产品的可靠度函数 $R(t)$ 是时间 t 的非增函数，且有 $R(0) = 1$；$R(\infty) = 0$。

与可靠度相对立的产品可靠性指标是不可靠度，它表示产品的寿命 T 小于 t 的概率，或者是产品 t 时刻内不能正常完成规定功能的概率，通常用 $F(t)$ 来表示，表达式为：

$$F(t) = P(T \leq t) \qquad (3.2.2)$$

不可靠度也称为累积失效分布函数，或称为累积故障分布函数等。由于产品能在 t 时刻内完成规定功能与不能在 t 时刻内完成规定功能是互逆事件，故可靠度与不可靠度之间的关系为：

$$F(t) = 1 - R(t) \qquad (3.2.3)$$

累积失效分布函数的概率密度函数称为失效概率密度函数 $f(t)$，用 $F(t)$ 对时间 t 的变化率来表示，数学表达式为 $f(t) = \dfrac{dF(t)}{dt}$。

产品的失效率也称为危险率，是另一个用来描述产品可靠性的主要指标，其定义为：产品在 t 时刻能正常工作，而在 t 时刻后瞬时失效的概率，通常用 $\lambda(t)$ 表示，数学表达式为：

$$\begin{aligned}
\lambda(t) &= \lim_{\Delta t \to 0} \frac{p(t < T \leq t + \Delta t \mid T > t)}{\Delta t} \\
&= \lim_{\Delta t \to 0} \frac{F(t + \Delta t) - F(t)}{1 - F(t)} \cdot \frac{1}{\Delta t} \qquad (3.2.4) \\
&= \frac{f(t)}{R(t)}
\end{aligned}$$

在实际可靠性工程中，产品的等级常依照产品失效率的大小来确定。

截至 t 时刻的累积总危险的度量函数，称为累积危险函数，用 $\Lambda(t)$ 表示，数学表达式为：

$$\Lambda(t) = \int_0^t \lambda(u)\,du = -\ln R(t) \tag{3.2.5}$$

产品的平均寿命也称为平均失效时间（Mean Time To Failure），记为 MTTF。产品的平均寿命的意义是产品能正常工作的平均时间，其值是失效概率密度函数的均值，通常记为 θ，数学表达式为：

$$\theta = E(t) = \int_0^{+\infty} t \cdot f(t)\,dt \tag{3.2.6}$$

由于平均寿命概念直观易懂，故在产品可靠性指标中，平均寿命是最常被采用的一个指标。

由于优势函数定义为产品在时间 t 发生故障上的优势（失效的概率）和可靠度（存活的概率）之间的比，表达式如下：

$$\begin{aligned} \theta(t) &= \frac{P(T \le t)}{P(T \ge t)} = \frac{F(t)}{R(t)} \\ &= \frac{F(t)}{1 - F(t)} = \frac{1 - R(t)}{R(t)} \end{aligned} \tag{3.2.7}$$

由 GPO 模型的表达式 (3.1.4)，可知应力水平 z 下，基于 GPO 模型的各可靠性特征量的表达式为：

$$R(t,\,z) = \frac{1}{\theta(t,\,z) + 1} = \frac{1}{\gamma_1 t e^{(\omega_0 + \omega_1 t)z} + \gamma_2 t^2 e^{(v_0 + v_1 t)z} + 1} \tag{3.2.8}$$

$$F(t,\,z) = \frac{\theta(t,\,z)}{\theta(t,\,z) + 1} = \frac{\gamma_1 t e^{(\omega_0 + \omega_1 t)z} + \gamma_2 t^2 e^{(v_0 + v_1 t)z}}{\gamma_1 t e^{(\omega_0 + \omega_1 t)z} + \gamma_2 t^2 e^{(v_0 + v_1 t)z} + 1} \tag{3.2.9}$$

$$\begin{aligned} f(t,\,z) &= \lambda(t,\,z) R(t,\,z) \\ &= \frac{\gamma_1 e^{(\omega_0 + \omega_1 t)z} + \gamma_1 t e^{(\omega_0 + \omega_1 t)z}\omega_1 z + 2\gamma_2 t e^{(v_0 + v_1 t)z} + \gamma_2 t^2 e^{(v_0 + v_1 t)z}v_1 z}{\left[\gamma_1 t e^{(\omega_0 + \omega_1 t)z} + \gamma_2 t^2 e^{(v_0 + v_1 t)z} + 1\right]^2} \end{aligned}$$

$$\tag{3.2.10}$$

$$\lambda(t,\ z) = \frac{d\big[-\ln R(t,\ z)\big]}{dt}$$

$$= \frac{\theta'(t,\ z)}{\theta(t,\ z) + 1}$$

$$= \frac{\gamma_1 e^{(\omega_0+\omega_1 t)z} + \gamma_1 t e^{(\omega_0+\omega_1 t)z}\omega_1 z + 2\gamma_2 t e^{(v_0+v_1 t)z} + \gamma_2 t^2 e^{(v_0+v_1 t)z}v_1 z}{\gamma_1 t e^{(\omega_0+\omega_1 t)z} + \gamma_2 t^2 e^{(v_0+v_1 t)z} + 1}$$

$$(3.2.11)$$

$$\Lambda(t,\ z) = \ln\big[\theta(t,\ z) + 1\big] \tag{3.2.12}$$

$$= \ln\big[\gamma_1 t e^{(\omega_0+\omega_1 t)z} + \gamma_2 t^2 e^{(v_0+v_1 t)z} + 1\big]$$

$$\theta = E(t) = \int_0^{+\infty} t \cdot f(t)\,dt$$

$$= \int_0^{+\infty} t \cdot \frac{\gamma_1 e^{(\omega_0+\omega_1 t)z} + \gamma_1 t e^{(\omega_0+\omega_1 t)z}\omega_1 z + 2\gamma_2 t e^{(v_0+v_1 t)z} + \gamma_2 t^2 e^{(v_0+v_1 t)z}v_1 z}{\big[\gamma_1 t e^{(\omega_0+\omega_1 t)z} + \gamma_2 t^2 e^{(v_0+v_1 t)z} + 1\big]^2}\,dt$$

$$(3.2.13)$$

其中，$\omega_0 = \alpha_0 + \beta_0$，$\omega_1 = \alpha_1 + \beta_1$，$v_0 = \alpha_0 + 2\beta_0$，$v_1 = \alpha_1 + 2\beta_1$。

3.2.2　似然函数的构建

对 n 个产品进行恒定应力加速寿命试验，t_i 为第 i 个产品的失效时间；第 i 个产品的应力水平为 z_i，该寿命试验所得数据集记为 $\{(t_i,\ z_i),\ i = 1,\ 2,\ \cdots,\ n\}$。

似然函数为：

$$L(t_i,\ z_i) = \prod_{i=1}^{n} f(t_i,\ z_i) \tag{3.2.14}$$

$$= \prod_{i=1}^{n} \lambda(t_i,\ z_i) R(t_i,\ z_i)$$

对数似然函数为：

$$l(t_i,\ z_i) = \sum_{i=1}^{n} \ln\lambda(t_i,\ z_i) + \sum_{i=1}^{n} \ln R(t_i,\ z_i) \tag{3.2.15}$$

$$= \sum_{i=1}^{n} \ln\lambda(t_i,\ z_i) - \sum_{i=1}^{n} \Lambda(t_i,\ z_i)$$

将式（3.2.8）及式（3.2.11）代入式（3.2.12），可得：

$$l(t_i, z_i) = \sum_{i=1}^{n} \ln\left[\gamma_1 e^{(\omega_0+\omega_1 t_i)z_i}(1 + \omega_1 t_i z_i) + \gamma_2 t_i e^{(v_0+v_1 t_i)z_i}(2 + v_1 t_i z_i)\right] -$$

$$2\sum_{i=1}^{n} \ln\left[\gamma_1 t_i e^{(\omega_0+\omega_1 t_i)z_i} + \gamma_2 t_i^{\ 2} e^{(v_0+v_1 t_i)z_i} + 1\right]$$

$$(3.2.16)$$

其中，$\omega_0 = \alpha_0 + \beta_0$，$\omega_1 = \alpha_1 + \beta_1$，$v_0 = \alpha_0 + 2\beta_0$，$v_1 = \alpha_1 + 2\beta_1$。

3.2.3 可靠性估计

对 l 关于 ω_0，ω_1，v_0，v_1，γ_1，γ_2 求偏导，可得：

$$\frac{\partial l}{\partial \omega_0} = \sum_{i=1}^{n} \frac{\gamma_1 e^{(\omega_0+\omega_1 t_i)z_i}(1 + \omega_1 t_i z_i)}{\gamma_1 e^{(\omega_0+\omega_1 t_i)z_i}(1 + \omega_1 t_i z_i) + \gamma_2 t_i e^{(v_0+v_1 t_i)z_i}(2 + v_1 t_i z_i)} -$$

$$2\sum_{i=1}^{n} \frac{\gamma_1 t_i e^{(\omega_0+\omega_1 t_i)z_i}}{\gamma_1 t_i e^{(\omega_0+\omega_1 t_i)z_i} + \gamma_2 t_i^{\ 2} e^{(v_0+v_1 t_i)z_i} + 1} \qquad (3.2.17)$$

$$\frac{\partial l}{\partial \omega_1} = \sum_{i=1}^{n} \frac{\gamma_1 t_i z_i e^{(\omega_0+\omega_1 t_i)z_i}(2 + \omega_1 t_i z_i)}{\gamma_1 e^{(\omega_0+\omega_1 t_i)z_i}(1 + \omega_1 t_i z_i) + \gamma_2 t_i e^{(v_0+v_1 t_i)z_i}(2 + v_1 t_i z_i)} -$$

$$2\sum_{i=1}^{n} \frac{\gamma_1 t_i^{\ 2} z_i e^{(\omega_0+\omega_1 t_i)z_i}}{\gamma_1 t_i e^{(\omega_0+\omega_1 t_i)z_i} + \gamma_2 t_i^{\ 2} e^{(v_0+v_1 t_i)z_i} + 1} \qquad (3.2.18)$$

$$\frac{\partial l}{\partial v_0} = \sum_{i=1}^{n} \frac{\gamma_2 t_i e^{(v_0+v_1 t_i)z_i}(2 + v_1 t_i z_i)}{\gamma_1 e^{(\omega_0+\omega_1 t_i)z_i}(1 + \omega_1 t_i z_i) + \gamma_2 t_i e^{(v_0+v_1 t_i)z_i}(2 + v_1 t_i z_i)} -$$

$$2\sum_{i=1}^{n} \frac{\gamma_2 t_i^{\ 2} e^{(v_0+v_1 t_i)z_i}}{\gamma_1 t_i e^{(\omega_0+\omega_1 t_i)z_i} + \gamma_2 t_i^{\ 2} e^{(v_0+v_1 t_i)z_i} + 1} \qquad (3.2.19)$$

$$\frac{\partial l}{\partial v_1} = \sum_{i=1}^{n} \frac{\gamma_2 t_i^{\ 2} z_i e^{(v_0+v_1 t_i)z_i}(3 + v_1 t_i z_i)}{\gamma_1 e^{(\omega_0+\omega_1 t_i)z_i}(1 + \omega_1 t_i z_i) + \gamma_2 t_i e^{(v_0+v_1 t_i)z_i}(2 + v_1 t_i z_i)} -$$

$$2\sum_{i=1}^{n} \frac{\gamma_2 t_i^{\ 3} z_i e^{(v_0+v_1 t_i)z_i}}{\gamma_1 t_i e^{(\omega_0+\omega_1 t_i)z_i} + \gamma_2 t_i^{\ 2} e^{(v_0+v_1 t_i)z_i} + 1} \qquad (3.2.20)$$

$$\frac{\partial l}{\partial \gamma_1} = \sum_{i=1}^{n} \frac{e^{(\omega_0+\omega_1 t_i)z_i}(1+\omega_1 t_i z_i)}{\gamma_1 e^{(\omega_0+\omega_1 t_i)z_i}(1+\omega_1 t_i z_i) + \gamma_2 t_i e^{(v_0+v_1 t_i)z_i}(2+v_1 t_i z_i)} -$$

$$2\sum_{i=1}^{n} \frac{t_i e^{(\omega_0+\omega_1 t_i)z_i}}{\gamma_1 t_i e^{(\omega_0+\omega_1 t_i)z_i} + \gamma_2 t_i{}^2 e^{(v_0+v_1 t_i)z_i} + 1} \qquad (3.2.21)$$

$$\frac{\partial l}{\partial \gamma_2} = \sum_{i=1}^{n} \frac{t_i e^{(v_0+v_1 t_i)z_i}(2+v_1 t_i z_i)}{\gamma_1 e^{(\omega_0+\omega_1 t_i)z_i}(1+\omega_1 t_i z_i) + \gamma_2 t_i e^{(v_0+v_1 t_i)z_i}(2+v_1 t_i z_i)} -$$

$$2\sum_{i=1}^{n} \frac{t_i{}^2 e^{(v_0+v_1 t_i)z_i}}{\gamma_1 t_i e^{(\omega_0+\omega_1 t_i)z_i} + \gamma_2 t_i{}^2 e^{(v_0+v_1 t_i)z_i} + 1} \qquad (3.2.22)$$

在理论上，令式（3.2.17）~式（3.2.23）等于0，并将它们联立成方程组，求解此方程组可得 ω_0，ω_1，v_0，v_1，γ_1，γ_2 的估计值，并根据 $\omega_0 = \alpha_0 + \beta_0$，$\omega_1 = \alpha_1 + \beta_1$，$v_0 = \alpha_0 + 2\beta_0$，$v_1 = \alpha_1 + 2\beta_1$ 即可求解得到 α_0，α_1，β_0，β_1，γ_1，γ_2 的估计值。但是由于式（3.2.17）~式（3.2.23）比较复杂，导致方程组中各参数间高度相依，因此在实际求解过程中这种方法很难甚至不可能求得 ω_0，ω_1，v_0，v_1，γ_1，γ_2 的显式解，Balakrishnan 和 Cochen（1991）对此情形做出了比较全面的讨论，该文指出这种情形可以采用数值算法来计算，例如 Newton-Raphson 算法。

下面我们利用 Newton-Raphson 迭代算法求 α_0，α_1，β_0，β_1，γ_1，γ_2 的估计值，步骤如下[①]：

（1）计算对数似然函数式（3.2.16）关于 ω_0，ω_1，v_0，v_1，γ_1，γ_2 的二阶偏导：

$$\frac{\partial^2 l}{\partial \omega_0{}^2} = \sum_{i=1}^{n} \frac{\gamma_1 z_i e^{(\omega_0+\omega_1 t_i)z_i}(1+\omega_1 t_i z_i) \cdot \gamma_2 t_i e^{(v_0+v_1 t_i)z_i}(2+v_1 t_i z_i)}{[\gamma_1 e^{(\omega_0+\omega_1 t_i)z_i}(1+\omega_1 t_i z_i) + \gamma_2 t_i e^{(v_0+v_1 t_i)z_i}(2+v_1 t_i z_i)]^2} -$$

$$2\sum_{i=1}^{n} \frac{\gamma_1 z_i t_i e^{(\omega_0+\omega_1 t_i)z_i}[\gamma_2 t_i{}^2 e^{(v_0+v_1 t_i)z_i} + 1]}{[\gamma_1 t_i e^{(\omega_0+\omega_1 t_i)z_i} + \gamma_2 t_i{}^2 e^{(v_0+v_1 t_i)z_i} + 1]^2}$$

$$(3.2.23)$$

---

① 基于 C 语言的估计程序见附录。

$$\frac{\partial l^2}{\partial \omega_0 \partial \omega_1} =$$

$$\sum_{i=1}^{n} \frac{\gamma_1 z_i e^{(\omega_0+\omega_1 t_i)z_i}(1+\omega_1 t_i z_i) \cdot \gamma_1 t_i z_i e^{(\omega_0+\omega_1 t_i)z_i}\left[\gamma_2 t_i e^{(v_0+v_1 t_i)z_i}(2+v_1 t_i z_i)\right]}{\left[\gamma_1 e^{(\omega_0+\omega_1 t_i)z_i}(1+\omega_1 t_i z_i)+\gamma_2 t_i e^{(v_0+v_1 t_i)z_i}(2+v_1 t_i z_i)\right]^2} -$$

$$2\sum_{i=1}^{n} \frac{\gamma_1 t_i{}^2 z_i e^{(\omega_0+\omega_1 t_i)z_i}\left[\gamma_2 t_i{}^2 e^{(v_0+v_1 t_i)z_i}+1\right]}{\left[\gamma_1 t_i e^{(\omega_0+\omega_1 t_i)z_i}+\gamma_2 t_i{}^2 e^{(v_0+v_1 t_i)z_i}+1\right]^2}$$

$$(3.2.24)$$

$$\frac{\partial l^2}{\partial \omega_0 \partial v_0} = \sum_{i=1}^{n} \frac{-\gamma_1 e^{(\omega_0+\omega_1 t_i)z_i}(1+\omega_1 t_i z_i) \cdot \gamma_2 t_i z_i e^{(v_0+v_1 t_i)z_i}(2+v_1 t_i z_i)}{\left[\gamma_1 e^{(\omega_0+\omega_1 t_i)z_i}(1+\omega_1 t_i z_i)+\gamma_2 t_i e^{(v_0+v_1 t_i)z_i}(2+v_1 t_i z_i)\right]^2} +$$

$$2\sum_{i=1}^{n} \frac{\gamma_1 t_i e^{(\omega_0+\omega_1 t_i)z_i} \cdot \gamma_2 t_i{}^2 z_i e^{(v_0+v_1 t_i)z_i}}{\left[\gamma_1 t_i e^{(\omega_0+\omega_1 t_i)z_i}+\gamma_2 t_i{}^2 e^{(v_0+v_1 t_i)z_i}+1\right]^2}$$

$$(3.2.25)$$

$$\frac{\partial l^2}{\partial \omega_0 \partial v_1} = \sum_{i=1}^{n} \frac{\gamma_1 e^{(\omega_0+\omega_1 t_i)z_i}(1+\omega_1 t_i z_i)}{\left[\gamma_1 e^{(\omega_0+\omega_1 t_i)z_i}(1+\omega_1 t_i z_i)+\gamma_2 t_i e^{(v_0+v_1 t_i)z_i}(2+v_1 t_i z_i)\right]^2} +$$

$$2\sum_{i=1}^{n} \frac{\gamma_1 e^{(\omega_0+\omega_1 t_i)z_i} \cdot \gamma_2 t_i{}^2 z_i e^{(v_0+v_1 t_i)z_i}}{\left[\gamma_1 e^{(\omega_0+\omega_1 t_i)z_i}+\gamma_2 t_i{}^2 e^{(v_0+v_1 t_i)z_i}+1\right]^2}$$

$$(3.2.26)$$

$$\frac{\partial l^2}{\partial \omega_0 \partial \gamma_1} = \sum_{i=1}^{n} \frac{\gamma_1 e^{(\omega_0+\omega_1 t_i)z_i}(1+\omega_1 t_i z_i)}{\left[\gamma_1 e^{(\omega_0+\omega_1 t_i)z_i}(1+\omega_1 t_i z_i)+\gamma_2 t_i e^{(v_0+v_1 t_i)z_i}(2+v_1 t_i z_i)\right]^2} -$$

$$2\sum_{i=1}^{n} \frac{t_i e^{(\omega_0+\omega_1 t_i)z_i}\left[\gamma_2 t_i{}^2 e^{(v_0+v_1 t_i)z_i}+1\right]}{\left[\gamma_1 t_i e^{(\omega_0+\omega_1 t_i)z_i}+\gamma_2 t_i{}^2 e^{(v_0+v_1 t_i)z_i}+1\right]^2}$$

$$(3.2.27)$$

$$\frac{\partial l^2}{\partial \omega_0 \partial \gamma_2} = \sum_{i=1}^{n} \frac{-\gamma_1 e^{(\omega_0+\omega_1 t_i)z_i}(1+\omega_1 t_i z_i) \cdot t_i e^{(v_0+v_1 t_i)z_i}(2+v_1 t_i z_i)}{\left[\gamma_1 e^{(\omega_0+\omega_1 t_i)z_i}(1+\omega_1 t_i z_i)+\gamma_2 t_i e^{(v_0+v_1 t_i)z_i}(2+v_1 t_i z_i)\right]^2} +$$

$$2\sum_{i=1}^{n} \frac{\gamma_1 t_i{}^2 e^{(\omega_0+v_0+(v_1+\omega_1)t_i)z_i}}{\left[\gamma_1 e^{(\omega_0+\omega_1 t_i)z_i}+\gamma_2 t_i e^{(v_0+v_1 t_i)z_i}+1\right]^2}$$

$$(3.2.28)$$

$$\frac{\partial l^2}{\partial^2 \omega_1} =$$

$$\sum_{i=1}^{n} \frac{\gamma_1 t_i{}^2 z_i{}^2 e^{(\omega_0+\omega_1 t_i)z_i} \left[\gamma_1 e^{(\omega_0+\omega_1 t_i)z_i}(2\omega_1 t_i z_i - 1) + \gamma_2 t_i e^{(v_0+v_1 t_i)z_i}(2 + v_1 t_i z_i) \right]}{\left[\gamma_1 e^{(\omega_0+\omega_1 t_i)z_i}(1 + \omega_1 t_i z_i) + \gamma_2 t_i e^{(v_0+v_1 t_i)z_i}(2 + v_1 t_i z_i) \right]^2} -$$

$$2\sum_{i=1}^{n} \frac{\gamma_1 t_i{}^2 z_i{}^2 e^{(\omega_0+\omega_1 t_i)z_i} \left[\gamma_2 t_i e^{(v_0+v_1 t_i)z_i} + 1 \right]}{\left[\gamma_1 e^{(\omega_0+\omega_1 t_i)z_i} + \gamma_2 t_i e^{(v_0+v_1 t_i)z_i} + 1 \right]^2}$$

$$(3.2.29)$$

$$\frac{\partial l^2}{\partial \omega_1 \partial v_0} = \sum_{i=1}^{n} \frac{-\gamma_1 \gamma_2 t_i{}^2 z_i{}^2 e^{((\omega_0+v_0)+(v_1+\omega_1)t_i)z_i}(2 + \omega_1 t_i z_i)(2 + v_1 t_i z_i)}{\left[\gamma_1 e^{(\omega_0+\omega_1 t_i)z_i}(1 + \omega_1 t_i z_i) + \gamma_2 t_i e^{(v_0+v_1 t_i)z_i}(2 + v_1 t_i z_i) \right]^2} +$$

$$2\sum_{i=1}^{n} \frac{\gamma_1 t_i{}^2 z_i e^{(\omega_0+\omega_1 t_i)z_i} \cdot \gamma_2 t_i{}^2 z_i e^{(v_0+v_1 t_i)z_i}}{\left[\gamma_1 t_i e^{(\omega_0+\omega_1 t_i)z_i} + \gamma_2 t_i{}^2 e^{(v_0+v_1 t_i)z_i} + 1 \right]^2}$$

$$(3.2.30)$$

$$\frac{\partial l^2}{\partial \omega_1 \partial v_1} = \sum_{i=1}^{n} \frac{-\gamma_1 t_i z_i e^{(\omega_0+\omega_1 t_i)z_i}(2 + \omega_1 t_i z_i) \cdot \gamma_2 t_i{}^2 z_i e^{(v_0+v_1 t_i)z_i}(3 + v_1 t_i z_i)}{\left[\gamma_1 e^{(\omega_0+\omega_1 t_i)z_i}(1 + \omega_1 t_i z_i) + \gamma_2 t_i e^{(v_0+v_1 t_i)z_i}(2 + v_1 t_i z_i) \right]^2} +$$

$$2\sum_{i=1}^{n} \frac{\gamma_1 t_i{}^2 z_i e^{(\omega_0+\omega_1 t_i)z_i} \cdot \gamma_2 t_i{}^3 z_i e^{(v_0+v_1 t_i)z_i}}{\left[\gamma_1 t_i e^{(\omega_0+\omega_1 t_i)z_i} + \gamma_2 t_i{}^2 e^{(v_0+v_1 t_i)z_i} + 1 \right]^2}$$

$$(3.2.31)$$

$$\frac{\partial l^2}{\partial \omega_1 \partial \gamma_1} = \sum_{i=1}^{n} \frac{-\gamma_1 t_i z_i e^{2(\omega_0+\omega_1 t_i)z_i}(2 + \omega_1 t_i z_i)(1 + \omega_1 t_i z_i)}{\left[\gamma_1 e^{(\omega_0+\omega_1 t_i)z_i}(1 + \omega_1 t_i z_i) + \gamma_2 t_i e^{(v_0+v_1 t_i)z_i}(2 + v_1 t_i z_i) \right]^2} -$$

$$2\sum_{i=1}^{n} \frac{t_i{}^2 z_i e^{(\omega_0+\omega_1 t_i)z_i} \left[\gamma_2 t_i{}^2 e^{(v_0+v_1 t_i)z_i} + 1 \right]}{\left[\gamma_1 t_i e^{(\omega_0+\omega_1 t_i)z_i} + \gamma_2 t_i{}^2 e^{(v_0+v_1 t_i)z_i} + 1 \right]^2}$$

$$(3.2.32)$$

$$\frac{\partial l^2}{\partial \omega_1 \partial \gamma_2} = \sum_{i=1}^{n} \frac{-\gamma_1 t_i z_i e^{(\omega_0+\omega_1 t_i)z_i}(2 + \omega_1 t_i z_i) \cdot t_i e^{(v_0+v_1 t_i)z_i}(2 + v_1 t_i z_i)}{\left[\gamma_1 e^{(\omega_0+\omega_1 t_i)z_i}(1 + \omega_1 t_i z_i) + \gamma_2 t_i e^{(v_0+v_1 t_i)z_i}(2 + v_1 t_i z_i) \right]^2} +$$

$$2\sum_{i=1}^{n} \frac{\gamma_1 t_i{}^2 z_i e^{(\omega_0+\omega_1 t_i)z_i} \cdot t_i{}^2 e^{(v_0+v_1 t_i)z_i}}{\left[\gamma_1 t_i e^{(\omega_0+\omega_1 t_i)z_i} + \gamma_2 t_i{}^2 e^{(v_0+v_1 t_i)z_i} + 1 \right]^2}$$

$$(3.2.33)$$

$$\frac{\partial^2 l}{\partial v_0{}^2} = \sum_{i=1}^{n} \frac{\gamma_1 e^{(\omega_0+\omega_1 t_i)z_i}(1+\omega_1 t_i z_i) \cdot \gamma_2 t_i z_i e^{(v_0+v_1 t_i)z_i}(2+v_1 t_i z_i)}{[\gamma_1 e^{(\omega_0+\omega_1 t_i)z_i}(1+\omega_1 t_i z_i) + \gamma_2 t_i e^{(v_0+v_1 t_i)z_i}(2+v_1 t_i z_i)]^2} -$$
$$2\sum_{i=1}^{n} \frac{\gamma_2 t_i{}^2 z_i e^{(v_0+v_1 t_i)z_i}[\gamma_1 t_i e^{(\omega_0+\omega_1 t_i)z_i} + 1]}{[\gamma_1 t_i e^{(\omega_0+\omega_1 t_i)z_i} + \gamma_2 t_i{}^2 e^{(v_0+v_1 t_i)z_i} + 1]^2}$$

$$(3.2.34)$$

$$\frac{\partial^2 l}{\partial v_0 \partial v_1} = \sum_{i=1}^{n} \frac{\gamma_1 e^{(\omega_0+\omega_1 t_i)z_i}(1+\omega_1 t_i z_i) \cdot \gamma_2 t_i{}^2 z_i e^{(v_0+v_1 t_i)z_i}(3+v_1 t_i z_i)}{\gamma_1 e^{(\omega_0+\omega_1 t_i)z_i}(1+\omega_1 t_i z_i) + \gamma_2 t_i e^{(v_0+v_1 t_i)z_i}(2+v_1 t_i z_i)} -$$
$$2\sum_{i=1}^{n} \frac{\gamma_2 t_i{}^3 z_i e^{(v_0+v_1 t_i)z_i}[\gamma_1 t_i e^{(\omega_0+\omega_1 t_i)z_i} + 1]}{[\gamma_1 t_i e^{(\omega_0+\omega_1 t_i)z_i} + \gamma_2 t_i{}^2 e^{(v_0+v_1 t_i)z_i} + 1]^2}$$

$$(3.2.35)$$

$$\frac{\partial^2 l}{\partial v_0 \partial \gamma_1} = \sum_{i=1}^{n} \frac{-\gamma_2 t_i e^{(v_0+v_1 t_i)z_i}(2+v_1 t_i z_i) \cdot e^{(\omega_0+\omega_1 t_i)z_i}(1+\omega_1 t_i z_i)}{[\gamma_1 e^{(\omega_0+\omega_1 t_i)z_i}(1+\omega_1 t_i z_i) + \gamma_2 t_i e^{(v_0+v_1 t_i)z_i}(2+v_1 t_i z_i)]^2} +$$
$$2\sum_{i=1}^{n} \frac{\gamma_2 t_i{}^2 e^{(v_0+v_1 t_i)z_i} \cdot t_i e^{(\omega_0+\omega_1 t_i)z_i}}{[\gamma_1 t_i e^{(\omega_0+\omega_1 t_i)z_i} + \gamma_2 t_i{}^2 e^{(v_0+v_1 t_i)z_i} + 1]^2}$$

$$(3.2.36)$$

$$\frac{\partial^2 l}{\partial v_0 \partial \gamma_2} = \sum_{i=1}^{n} \frac{\gamma_1 e^{(\omega_0+\omega_1 t_i)z_i}(1+\omega_1 t_i z_i) \cdot t_i e^{(v_0+v_1 t_i)z_i}(2+v_1 t_i z_i)}{[\gamma_1 e^{(\omega_0+\omega_1 t_i)z_i}(1+\omega_1 t_i z_i) + \gamma_2 t_i e^{(v_0+v_1 t_i)z_i}(2+v_1 t_i z_i)]^2} -$$
$$2\sum_{i=1}^{n} \frac{t_i{}^2 e^{(v_0+v_1 t_i)z_i}[\gamma_1 t_i e^{(\omega_0+\omega_1 t_i)z_i} + 1]}{[\gamma_1 t_i e^{(\omega_0+\omega_1 t_i)z_i} + \gamma_2 t_i{}^2 e^{(v_0+v_1 t_i)z_i} + 1]^2}$$

$$(3.2.37)$$

$$\frac{\partial^2 l}{\partial v_1{}^2} =$$

$$\sum_{i=1}^{n} \frac{\gamma_2 t_i{}^3 z_i{}^2 e^{(v_0+v_1 t_i)z_i}[\gamma_1 e^{(\omega_0+\omega_1 t_i)z_i}(4+v_1 t_i z_i)(1+\omega_1 t_i z_i) - \gamma_2 t_i e^{(v_0+v_1 t_i)z_i}]}{[\gamma_1 e^{(\omega_0+\omega_1 t_i)z_i}(1+\omega_1 t_i z_i) + \gamma_2 t_i e^{(v_0+v_1 t_i)z_i}(2+v_1 t_i z_i)]^2} -$$
$$2\sum_{i=1}^{n} \frac{\gamma_2 t_i{}^4 z_i{}^2 t_i z_i e^{(v_0+v_1 t_i)z_i}[\gamma_1 t_i e^{(\omega_0+\omega_1 t_i)z_i} + 1]}{[\gamma_1 t_i e^{(\omega_0+\omega_1 t_i)z_i} + \gamma_2 t_i{}^2 e^{(v_0+v_1 t_i)z_i} + 1]^2}$$

$$(3.2.38)$$

$$\frac{\partial^2 l}{\partial v_1 \partial \gamma_1} = \sum_{i=1}^{n} \frac{-\gamma_2 t_i^{\ 2} z_i e^{(v_0+v_1 t_i)z_i}(3+v_1 t_i z_i) \cdot e^{(\omega_0+\omega_1 t_i)z_i}(1+\omega_1 t_i z_i)}{[\gamma_1 e^{(\omega_0+\omega_1 t_i)z_i}(1+\omega_1 t_i z_i)+\gamma_2 t_i e^{(v_0+v_1 t_i)z_i}(2+v_1 t_i z_i)]^2} +$$
$$2\sum_{i=1}^{n}\frac{\gamma_2 t_i^{\ 4} z_i e^{(v_0+v_1 t_i)z_i} \cdot e^{(\omega_0+\omega_1 t_i)z_i}}{[\gamma_1 t_i e^{(\omega_0+\omega_1 t_i)z_i}+\gamma_2 t_i^{\ 2} e^{(v_0+v_1 t_i)z_i}+1]^2}$$

$$(3.2.39)$$

$$\frac{\partial^2 l}{\partial v_1 \partial \gamma_2} = \sum_{i=1}^{n} \frac{\gamma_1 t_i^{\ 2} z_i e^{(\omega_0+\omega_1 t_i)z_i+(v_0+v_1 t_i)z_i}(1+\omega_1 t_i z_i)(3+v_1 t_i z_i)}{[\gamma_1 e^{(\omega_0+\omega_1 t_i)z_i}(1+\omega_1 t_i z_i)+\gamma_2 t_i e^{(v_0+v_1 t_i)z_i}(2+v_1 t_i z_i)]^2} -$$
$$2\sum_{i=1}^{n}\frac{t_i^{\ 3} z_i e^{(v_0+v_1 t_i)z_i}[\gamma_1 t_i e^{(\omega_0+\omega_1 t_i)z_i}+1]}{[\gamma_1 t_i e^{(\omega_0+\omega_1 t_i)z_i}+\gamma_2 t_i^{\ 2} e^{(v_0+v_1 t_i)z_i}+1]^2}$$

$$(3.2.40)$$

$$\frac{\partial^2 l}{\partial \gamma_1^{\ 2}} = \sum_{i=1}^{n} \frac{-e^{2(\omega_0+\omega_1 t_i)z_i}(1+\omega_1 t_i z_i)^2}{[\gamma_1 e^{(\omega_0+\omega_1 t_i)z_i}(1+\omega_1 t_i z_i)+\gamma_2 t_i e^{(v_0+v_1 t_i)z_i}(2+v_1 t_i z_i)]^2} -$$
$$2\sum_{i=1}^{n}\frac{t_i^{\ 2} e^{2(\omega_0+\omega_1 t_i)z_i}}{[\gamma_1 t_i e^{(\omega_0+\omega_1 t_i)z_i}+\gamma_2 t_i^{\ 2} e^{(v_0+v_1 t_i)z_i}+1]^2}$$

$$(3.2.41)$$

$$\frac{\partial^2 l}{\partial \gamma_1 \partial \gamma_2} = \sum_{i=1}^{n} \frac{-e^{(\omega_0+\omega_1 t_i)z_i}(1+\omega_1 t_i z_i) \cdot t_i e^{(v_0+v_1 t_i)z_i}(2+v_1 t_i z_i)}{[\gamma_1 e^{(\omega_0+\omega_1 t_i)z_i}(1+\omega_1 t_i z_i)+\gamma_2 t_i e^{(v_0+v_1 t_i)z_i}(2+v_1 t_i z_i)]^2} +$$
$$2\sum_{i=1}^{n}\frac{t_i e^{(\omega_0+\omega_1 t_i)z_i} \cdot t_i^{\ 2} e^{(v_0+v_1 t_i)z_i}}{[\gamma_1 t_i e^{(\omega_0+\omega_1 t_i)z_i}+\gamma_2 t_i^{\ 2} e^{(v_0+v_1 t_i)z_i}+1]^2}$$

$$(3.2.42)$$

$$\frac{\partial^2 l}{\partial \gamma_2^{\ 2}} = \sum_{i=1}^{n} \frac{-[t_i e^{(v_0+v_1 t_i)z_i}(2+v_1 t_i z_i)]^2}{[\gamma_1 e^{(\omega_0+\omega_1 t_i)z_i}(1+\omega_1 t_i z_i)+\gamma_2 t_i e^{(v_0+v_1 t_i)z_i}(2+v_1 t_i z_i)]^2} +$$
$$2\sum_{i=1}^{n}\frac{[t_i^{\ 2} e^{(v_0+v_1 t_i)z_i}]^2}{[\gamma_1 t_i e^{(\omega_0+\omega_1 t_i)z_i}+\gamma_2 t_i^{\ 2} e^{(v_0+v_1 t_i)z_i}+1]^2}$$

$$(3.2.43)$$

（2）构建 Hessian 矩阵：

$$H[\omega_0,\ \omega_1,\ \upsilon_0,\ \upsilon_1,\ \gamma_1,\ \gamma_2] = \begin{bmatrix} \dfrac{\partial^2 l}{\partial \omega_0{}^2} & \dfrac{\partial^2 l}{\partial \omega_0 \partial \omega_1} & \dfrac{\partial^2 l}{\partial \omega_0 \partial \upsilon_0} & \dfrac{\partial^2 l}{\partial \omega_0 \partial \upsilon_1} & \dfrac{\partial^2 l}{\partial \omega_0 \partial \gamma_1} & \dfrac{\partial^2 l}{\partial \omega_0 \partial \gamma_2} \\[2mm] \dfrac{\partial^2 l}{\partial \omega_1 \partial \omega_0} & \dfrac{\partial^2 l}{\partial \omega_1{}^2} & \dfrac{\partial^2 l}{\partial \omega_1 \partial \upsilon_0} & \dfrac{\partial^2 l}{\partial \omega_1 \partial \upsilon_1} & \dfrac{\partial^2 l}{\partial \omega_1 \partial \gamma_1} & \dfrac{\partial^2 l}{\partial \omega_1 \partial \gamma_2} \\[2mm] \dfrac{\partial^2 l}{\partial \upsilon_0 \partial \omega_0} & \dfrac{\partial^2 l}{\partial \omega_0 \partial \omega_1} & \dfrac{\partial^2 l}{\partial \upsilon_0{}^2} & \dfrac{\partial^2 l}{\partial \upsilon_0 \partial \upsilon_1} & \dfrac{\partial^2 l}{\partial \upsilon_0 \partial \gamma_1} & \dfrac{\partial^2 l}{\partial \upsilon_0 \partial \gamma_2} \\[2mm] \dfrac{\partial^2 l}{\partial \upsilon_1 \partial \omega_0} & \dfrac{\partial^2 l}{\partial \upsilon_1 \partial \omega_1} & \dfrac{\partial^2 l}{\partial \upsilon_1 \partial \upsilon_0} & \dfrac{\partial^2 l}{\partial \upsilon_1{}^2} & \dfrac{\partial^2 l}{\partial \upsilon_1 \partial \gamma_1} & \dfrac{\partial^2 l}{\partial \upsilon_1 \partial \gamma_2} \\[2mm] \dfrac{\partial^2 l}{\partial \gamma_1 \partial \omega_0} & \dfrac{\partial^2 l}{\partial \gamma_1 \partial \omega_1} & \dfrac{\partial^2 l}{\partial \gamma_1 \partial \upsilon_0} & \dfrac{\partial^2 l}{\partial \gamma_1 \partial \upsilon_1} & \dfrac{\partial^2 l}{\partial \gamma_1{}^2} & \dfrac{\partial^2 l}{\partial \gamma_1 \partial \gamma_2} \\[2mm] \dfrac{\partial^2 l}{\partial \gamma_2 \partial \omega_0} & \dfrac{\partial^2 l}{\partial \gamma_2 \partial \omega_1} & \dfrac{\partial^2 l}{\partial \gamma_2 \partial \upsilon_0} & \dfrac{\partial^2 l}{\partial \gamma_2 \partial \upsilon_1} & \dfrac{\partial^2 l}{\partial \gamma_2 \partial \gamma_1} & \dfrac{\partial^2 l}{\partial \gamma_2{}^2} \end{bmatrix}$$

（3）设 $x = [\omega_0,\ \omega_1,\ \upsilon_0,\ \upsilon_1,\ \gamma_1,\ \gamma_2]^T$ 表示参数向量，并给定参数向量的初始值为 $x_0 = [\omega_0^0,\ \omega_1^0,\ \upsilon_0^0,\ \upsilon_1^0,\ \gamma_1^0,\ \gamma_2^0]^T$。使用 Newton-Raphson 算法进行第 j 步计算之后，可得到参数 $x = [\omega_0,\ \omega_1,\ \upsilon_0,\ \upsilon_1,\ \gamma_1,\ \gamma_2]^T$ 的估计值为：

$$x_{j+1} = x_j - H(x_j)^{-1} \cdot u(x_j) \tag{3.2.44}$$

此处 $u(x_j) = \left[\dfrac{\partial l}{\partial \omega_0},\ \dfrac{\partial l}{\partial \omega_1},\ \dfrac{\partial l}{\partial \upsilon_0},\ \dfrac{\partial l}{\partial \upsilon_1},\ \dfrac{\partial l}{\partial \gamma_1},\ \dfrac{\partial l}{\partial \gamma_2} \right]^T \Big| x = x_j$。

（4）采用 Newton-Raphson 算法时，若初始赋值非常接近估计值真值，则在估计过程中迭代值的收敛速度非常快；但是若初始赋值离估计值真值非常远，则估计过程中迭代值可能会偏离所求的根，或者会进入死循环。故采用 Newton-Raphson 算法对初始赋值的要求非常高。为给未知参数赋合适的初值，我们首先基于 PO 模型 $\theta(t, z) = e^{\beta z} \cdot \theta_0(t)$ 对加速寿命试验数据进行建模，从而估计得到基准失效函数 $\theta_0(t)$ 的表达式和协变量系数 β 的估计值；然后用 PO 模型中协变量系数 β 的估计值作为 GPO 模型 $\theta(t, z) = e^{(\alpha_0 + \alpha_1 t)z} \cdot \theta_0(e^{(\beta_0 + \beta_1 t)z}t)$ 中 α_0 的初始赋值，并将 α_1，β_0，β_1 初始赋值为 0，然后根据 $\omega_0 = \alpha_0 + \beta_0$，$\omega_1 = \alpha_1 + \beta_1$，$\upsilon_0 = \alpha_0 + 2\beta_0$，$\upsilon_1 = \alpha_1 + 2\beta_1$，对 ω_0，ω_1，υ_0，υ_1，γ_1，γ_2 进行初始赋值；将基于 PO 模型估计得到的基准失效

函数 $\theta_0(t)$ 的表达式写成二次方程的形式，使用回归方法，用此二次函数的系数参数的估计值，对 γ_1，γ_2 进行赋值。

（5）为保证计算过程中估计值往正确的方向收敛，在每一次迭代完成后都计算对数似然函数的值；若在第 k 步出现 $l(x_k) < l(x_{k+1})$ 的情况，则在下一步令步长减半，将迭代式修改为 $x_{k+1} = x_k - \dfrac{1}{2} \cdot H(x_j)^{-1} \cdot u(x_j)$。

按照以上步骤求得参数 α_0，α_1，β_0，β_1，γ_1，γ_2 的估计值，将估计值代入 3.2.1 小节中各可靠性指标的表达式，可得各可靠性指标的估计[①]。特别地，在各可靠性指标的表达式中令 $z = 0$，即可得设计应力条件下产品可靠性指标的估计。

3.3　基于 GPO 模型的加速寿命试验模拟研究

本书的主要目的是为基于加速寿命试验的产品可靠性评估方法提出一个新的加速模型——GPO 模型，该模型为 PO 模型的扩展模型。为证明在某些情况下，GPO 模型较 PO 模型能更好地拟合失效数据，并能给出更为精确的可靠性估计值，下面给出一组模拟数据，并分别基于 PO 模型和 GPO 模型对该数据进行统计分析；通过对比分析结果，来证明本书提出此模型的必要性。

3.3.1　数据的描述

设一批受试产品的寿命服从对数 Logistics 分布，其概率分布函数为：

$$f(t) = \frac{\gamma}{(1 + \gamma t)^2} \tag{3.3.1}$$

此处，γ 为对数 Logistics 分布的参数。

从而该产品的累积概率分布函数、可靠度函数、危险率函数和基准优

---

① 基于 C 语言的估计程序编码见附录。

势函数可表示如下：

$$F(t) = \int_0^t f(u)\,du = \frac{\gamma t}{1 + \gamma t} \qquad (3.3.2)$$

$$R(t) = 1 - F(t) = 1 - \int_0^t f(u)\,du = \frac{1}{1 + \gamma t} \qquad (3.3.3)$$

$$\lambda(t) = \frac{f(t)}{R(t)} = \frac{\gamma}{1 + \gamma t} \qquad (3.3.4)$$

$$\theta_0(t) = \frac{1 - R(t)}{R(t)} = \gamma t \qquad (3.3.5)$$

假设该产品在进行加速寿命试验时，加速应力为 z，失效时间与加速应力协变量之间的关系满足如下加速模型：

$$\theta(t,\ z) = e^{(\alpha_0 + \alpha_1 t)z} \cdot \theta_0(t) \qquad (3.3.6)$$

从而应力水平 z 下的优势函数、危险率函数、累积危险分布函数、可靠度函数、概率密度函数和累积概率分布函数分别表示如下：

$$\theta(t,\ z) = e^{(\alpha_0 + \alpha_1 t)z} \cdot \theta_0(t) = e^{(\alpha_0 + \alpha_1 t)z} \gamma t \qquad (3.3.7)$$

$$\lambda(t,\ z) = \frac{\theta'(t,\ z)}{\theta(t,\ z) + 1}$$

$$= \frac{\gamma e^{(\alpha_0 + \alpha_1 t)z} + \gamma t e^{(\alpha_0 + \alpha_1 t)z} \cdot \alpha_1 z}{\gamma t e^{(\alpha_0 + \alpha_1 t)z} + 1} \qquad (3.3.8)$$

$$\Lambda(t,\ z) = \ln[\theta(t,\ z) + 1] = \ln[\gamma t e^{(\alpha_0 + \alpha_1 t)z} + 1] \qquad (3.3.9)$$

$$R(t,\ z) = \frac{1}{\theta(t,\ z) + 1} = \frac{1}{\gamma_1 t e^{(\alpha_0 + \alpha_1 t)z} + 1} \qquad (3.3.10)$$

$$f(t,\ z) = h(t,\ z)R(t,\ z)$$

$$= \frac{\gamma t e^{(\alpha_0 + \alpha_1 t)z} + \gamma t e^{(\alpha_0 + \alpha_1 t)z}\alpha_1 z}{[\gamma t e^{(\alpha_0 + \alpha_1 t)z} + 1]^2} \qquad (3.3.11)$$

$$F(t,\ z) = 1 - R(t) = \frac{\theta(t,\ z)}{\theta(t,\ z) + 1}$$

$$= \frac{e^{(\alpha_0 + \alpha_1 t)z} \gamma t}{e^{(\alpha_0 + \alpha_1 t)z} \gamma t + 1} \tag{3.3.12}$$

依据上述假设，我们来生成模拟数据，步骤如下：

第一步，生成服从正态分布 $U[0, 1]$ 的随机变量 u，并设 $F(t, z) = u$，从而可得方程：

$$\frac{e^{(\alpha_0 + \alpha_1 t)z} \gamma t}{e^{(\alpha_0 + \alpha_1 t)z} \gamma t + 1} = u \tag{3.3.13}$$

第二步，指定 α_0、α_1、γ 及 z 的值，由随机变量 u 及方程 (3.3.13)，可以得到失效时间数据 t_i。

在此试验中，我们假设温度为加速应力，应力水平分别为50℃、100℃、150℃，并取绝对温度的倒数作为模型里的协变量 z，从而 z 的三个取值水平为：$z = 1/323.16$，$z = 1/373.16$，$z = 1/423.16$。将其他参数的取值设定为 $\alpha_0 = -1$，$\alpha_1 = 40$，$\gamma = 0.01$。在这里，为排除偶然性，我们随机生成两个数据集（数据集Ⅰ和数据集Ⅱ），每个数据集包含300组失效时间数据，共有三个应力水平，每个应力水平下各有100组失效数据。

3.3.2 模拟结果

在生成失效数据之后，我们分别基于 PO 模型 (3.3.14) 和 GPO 模型 (3.3.15) 对数据进行统计分析。表3.3.1 和表3.3.2 基于数据集Ⅰ和数据集Ⅱ给出了 PO 模型和 GPO 模型中未知参数的估计值。

$$\theta(t, z) = \theta_0(t) \cdot e^{\beta z} = \gamma t \cdot e^{\beta z} \tag{3.3.14}$$

$$\theta(t, z) = \theta_0(e^{(\alpha_0 + \alpha_1 t)z} t) \cdot e^{(\beta_0 + \beta_1 t)z} \tag{3.3.15}$$

$$= \gamma_1 t e^{[(\alpha_0 + \beta_0) + (\alpha_1 + \beta_1)t]z} + \gamma_2 t^2 e^{[(2\alpha_0 + \beta_0) + (2\alpha_1 + \beta_1)t]z}$$

表 3.3.1 PO 模型的参数估计

估计值	数据集Ⅰ	数据集Ⅱ
β	78.087479	−182.804381
$-\ln L$	1653.906137	1662.003016

表 3.3.2　GPO 模型的参数估计

估计值	数据集 I	数据集 II
γ_1	0.711815e$-$03	0.9889073e$-$05
γ_2	1.926134e$-$03	0.999920e$-$03
α_0	$-3.260094e+01$	2.006714e+01
α_1	7.8367100e$-$01	11.002014$-$01
β_0	$-1.224395e+02$	$-9.760941e+01$
β_1	3.373492+01	$-2.290571e+01$
$-\ln L$	1782.691325	1774.008169

　　由于本小节所使用的失效时间数据来自预先指定的加速模型，且产品寿命服从预先指定参数的对数 Logistics 分布，我们可以计算得到该产品在任意指定的应力水平下真实的可靠度函数；从而可以将基于 PO 模型和 GPO 模型统计分析所得到的可靠度函数与真实的可靠度函数进行对比。温度应力水平为 $T=323.16K$、$T=373.16K$、$T=423.16K$ 时，产品可靠度估计的对比结果如图 3.3.1~图 3.3.6 所示。

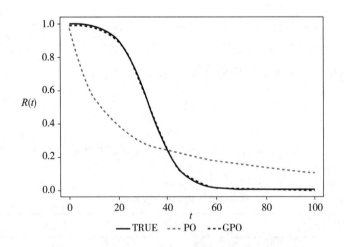

图 3.3.1　应力水平 $T=323.16K$ 时真实可靠度函数与基于 GPO 模型、基于 PO 模型评估的可靠度函数的比较（数据集 I）

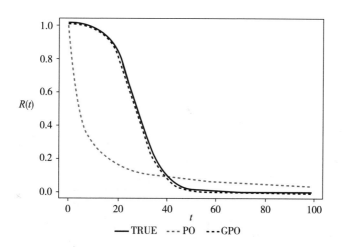

图 3.3.2 应力水平 $T = 373.16K$ 时真实可靠度函数与基于 GPO 模型、
基于 PO 模型评估的可靠度函数的比较（数据集 I ）

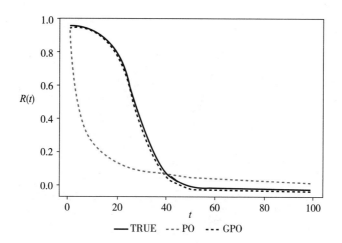

图 3.3.3 应力水平 $T = 423.16K$ 时真实可靠度函数与基于 GPO 模型、
基于 PO 模型评估的可靠度函数的比较（数据集 I ）

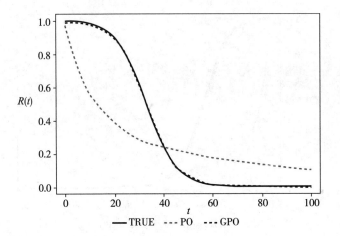

图 3.3.4　应力水平 $T=323.16K$ 时真实可靠度函数与基于 GPO 模型、
基于 PO 模型评估的可靠度函数的比较（数据集 Ⅱ）

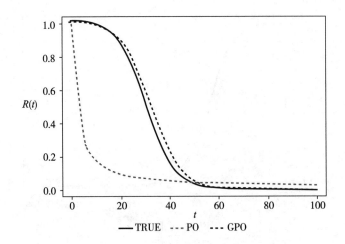

图 3.3.5　应力水平 $T=373.16K$ 时真实可靠度函数与基于 GPO 模型、
基于 PO 模型评估的可靠度函数的比较（数据集 Ⅱ）

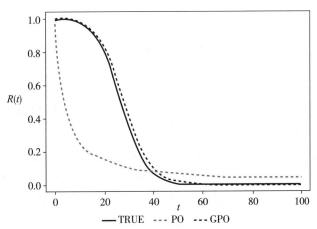

图 3. 3. 6　应力水平 $T = 423.16K$ 时真实可靠度函数与基于 GPO 模型、基于 PO 模型评估的可靠度函数的比较（数据集 II）

由于样本量相同，本书基于平方误差总和（SSE）将真实可靠度函数与基于 GPO 模型、基于 PO 模型评估的可靠度函数进行对比，对比结果如表 3. 3. 3 和表 3. 3. 4 所示。

表 3. 3. 3　数据集 I 下的基于 PO 模型和 GPO 模型的可靠度评估结果比较

模型	$z = 1/323.16K$	$z = 1/373.16K$	$z = 1/423.16K$
TRUE vs GPO	0. 0798205	0. 031027	0. 1420597
TRUE vs PO	0. 200903	0. 113257	0. 2931154

表 3. 3. 4　数据集 II 下的基于 PO 模型和 GPO 模型的可靠度评估结果比较

模型	$z = 1/323.16K$	$z = 1/373.16K$	$z = 1/423.16K$
TRUE vs GPO	0. 137912	0. 547280	0. 428579
TRUE vs PO	0. 554592	0. 768246	0. 677001

注：表 3. 3. 3 和表 3. 3. 4 中的值表示的是不同应力水平下，真实可靠度与估计可靠度的平方误差总和；值越小说明基于该加速模型的估计结果越精确。

3.4 基于 GPO 模型的实例分析

本节利用 GPO 模型来分析具体的实验数据。该实验数据来自于 Maranowski 和 Cooper（1999），他们的实验目的是通过研究强电场和高温对热氧化形成的 n 型和 p 型 6H-SiC MOS 电容器的时间相关介电层击穿（TDDB）的影响，估计正常工作条件下的 MOS 电容器的预期寿命。我们将基于 GPO 模型和 PO 模型对实验数据进行统计分析，并将评估结果与 Maranowski 和 Cooper（1999）中的估计结果相比较。

3.4.1 数据背景

碳化硅（SiC）常被用作半导体设备的可选材料，尤其是那些在高温和强电场下操作的设备。与硅这种传统的制造半导体设备的材料相比，SiC 具有极高的本征温度。这里的本征温度指的是使得本征载流子浓度和掺杂浓度差不多的温度。例如，假设掺杂浓度为 10^{16}/立方厘米，6H-SiC 的本征温度为 1130℃，硅的本征温度为 370℃。氧化技术的进展使得 SiC MOS 表面的电能质量明显改善，但强电场和高温下的 SiC MOS 氧化物的 TDDB 却没有明确的信息。Maranowski 和 Cooper（1999）首次综合研究了 6H-SiC MOS 氧化物的 TDDB。

在 Maranowski 和 Cooper（1999）的试验中，他们得到了温度分别为 145℃、240℃、305℃，电场强度分别为 7.0 兆伏/厘米、7.5 兆伏/厘米、8.0 兆伏/厘米时，TDDB 的失效分布。他们还根据三种不同的失效模式对失效分布图进行了区域划分：第一区域的失效代表电容器被第一次测量前发生的失效；第二区域的失效代表由氧化物表面的缺陷引起的外在失效，例如半导体表面有缺陷，或者在处理过程中其表面有残留的颗粒；第三区域是分布图的较为陡峭的最后一部分，代表氧化物本身的内在可靠性。

作者致力于研究氧化物内在的可靠性，因此，他们重新规范了氧化物固有失效模式部分的分布，在氧化物的基准失效分布假定为指数分布的情况下，研究了 SiC 的平均失效时间（Mean Time To Failure，MTTF），并将其与硅的 MTTF 进行对比,结果表明:强电场下,SiC 的 MTTF 要低于硅的 MTTF。电场强度为 5.0 兆伏/厘米时,SiC 的 MTTF 与硅的 MTTF 差不多;然而,在考虑了随磁场变化氧化物露电流的情况时,作者观测到电场强度从 9.0 兆伏/厘米降到 5.0 兆伏/厘米,电流强度呈指数衰减,且当氧化物电场低于 5.0 兆伏/厘米时,电流开始饱和;这意味着基准失效分布为指数分布的假定只在 5.0 兆伏/厘米以上有效。所以,在电场强度高于 5.0 兆伏/厘米时,MTTF 的推断是有效的,也就是说,Maranowski 和 Cooper(1999)中 SiC 的 MTTF 与硅的 MTTF 差不多的结论在氧化物电场低于 5.0 兆伏/厘米时是无效的。

作者也证明了在一个给定的氧化物电场下,n 型 6H-SiC 的 MTTF 要高于 p 型 6H-SiC 的 MTTF。由于施加于 n 型 6H-SiC 的正偏压是最具破坏性的,故 n 型 6H-SiC 的 MTTF 代表最坏情况下的氧化物的可靠性。

我们对失效分布图的第三区域进行分析。由 145℃、240℃ 及 305℃ 下的内在失效分布图,可得任意受试产品的 TDDB 失效时间及其相应的氧化物电场和温度水平。设观测到的失效数据为 $(t_i, z_{1i}, z_{2i}, I_i)$,$t_i$ 表示第 i 个样品的截尾时间或失效时间;I_i 为第 i 个受试产品的截尾指示变量:记 $I_i = 1$ 表示 t_i 为第 i 个样品的截尾时间,$I_i = 0$ 表示 t_i 为第 i 个样品的失效时间;z_{1i} 表示第 i 个样品的氧化物电场强度水平;z_{2i} 表示第 i 个样品的温度水平,单位为 ℃K。

由于 SiC MOS 器件的最大实际操作温度在 250℃ 左右,且 MTTF 外推最低只能降到 5.0 兆伏/厘米,笔者认为 SiC MOS 设备应排除具有潜在高温情况的应用。故这里只考虑氧化物电场强度高于 5.0 兆伏/厘米、温度低于 250℃ 的情况。

3.4.2 基于 GPO 模型、PO 模型的统计分析

将失效数据基于 GPO 模型进行统计分析,优势函数为:

$$\theta(t, z_1, z_2) = e^{(\alpha_{10}+\alpha_{11}t)z_1+(\alpha_{20}+\alpha_{21}t)z_2} \cdot \theta_0\left(te^{(\beta_{10}+\beta_{11}t)z_1+(\beta_{20}+\beta_{21}t)z_2}\right)$$

$$(3.4.1)$$

将失效数据基于 PO 模型进行统计分析,优势函数为:

$$\theta(t, z_1, z_2) = e^{\beta_1 z_1 + \beta_2 z_2} \cdot \theta_0(t) \qquad (3.4.2)$$

这里基准优势函数仍采用 Zhang（2007）提出的形式：

$$\theta_0(t) = \gamma_1 t + \gamma_2 t^2 \qquad (3.4.3)$$

危险函数、累积危险函数、概率密度函数、可靠度函数及平均失效时间为：

$$\lambda(t, z_1, z_2) = \frac{\theta'(t, z_1, z_2)}{\theta(t, z_1, z_2) + 1} \qquad (3.4.4)$$

$$\Lambda(t, z_1, z_2) = \int_0^t \lambda(u, z_1, z_2) du \qquad (3.4.5)$$

$$= \ln[\theta(t, z_1, z_2) + 1]$$

$$R(t, z_1, z_2) = \frac{1}{\theta(t, z_1, z_2) + 1} \qquad (3.4.6)$$

$$f(t, z_1, z_2) = \lambda(t, z_1, z_2) R(t, z_1, z_2)$$

$$= \frac{\theta'(t, z_1, z_2)}{[\theta(t, z_1, z_2) + 1]^2} \qquad (3.4.7)$$

$$MTTF = \int_0^\infty \frac{1}{\theta(t, z_1, z_2) + 1} dt \qquad (3.4.8)$$

失效数据为 $(t_i, z_{1i}, z_{2i}, I_i)$ 的极大似然函数为：

$$l(t_i, z_{1i}, z_{2i}, I_i)$$

$$= \sum_{i=1}^n (1 - I_i) \ln\lambda(t_i, z_{1i}, z_{2i}) + \sum_{i=1}^n \ln R(t_i, z_{1i}, z_{2i})$$

$$= \sum_{i=1}^n (1 - I_i) \ln\lambda(t_i, z_{1i}, z_{2i}) - \sum_{i=1}^n \Lambda(t_i, z_{1i}, z_{2i})$$

$$= \sum_{i=1}^n (1 - I_i) \ln\theta'(t_i, z_{1i}, z_{2i}) + \sum_{i=1}^n I_i \ln[\theta(t_i, z_{1i}, z_{2i}) + 1]$$

$$(3.4.9)$$

将式（3.4.1）及式（3.4.2）分别代入式（3.4.9），可得基于 GPO

模型的极大似然函数和基于 PO 模型的极大似然函数。

GPO 模型中共有 10 个待估参数（γ_1，γ_2，α_{10}，α_{11}，α_{20}，α_{21}，β_{10}，β_{11}，β_{20}，β_{21}），PO 模型中共有 4 个待估参数（γ_1，γ_2，β_1，β_2）；使用数值方法，分别求得各模型中参数的似然估计值[1]，如表 3.4.1 和表 3.4.2 所示。

表 3.4.1　GPO 模型参数的极大似然估计值

参数	极大似然估计值
γ_1	2.740853e+02
γ_2	1.216806e-03
α_{10}	-6.953522e+03
α_{11}	1.982576e+01
α_{20}	9.315268e-05
α_{21}	-3.242268e-01
β_{10}	-1.0927748e-04
β_{11}	5.6924536e-01
β_{20}	-7.929055e+02
β_{21}	2.536811e+01
$-\ln L$	178.090227

表 3.4.2　PO 模型参数的极大似然估计值

参数	极大似然估计值
γ_1	1.399261e-07
γ_2	4.072591e-09
β_1	-9.775428e+01
β_2	3.290518e-02
$-\ln L$	176.519407

---

① 基于 C 语言的估计程序见附录。

温度为 145℃、氧化物电场强度为 8.0 兆伏/厘米时，基于 GPO 模型评估的可靠度函数、基于 PO 模型评估的可靠度函数的对比如图 3.4.1 所示。

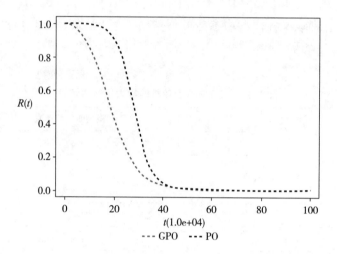

图 3.4.1　基于 GPO 模型评估的可靠度函数与基于 PO 模型评估的可靠度函数

由图 3.4.1 可见，基于 GPO 模型评估的可靠度函数与基于 PO 模型评估的可靠度函数的差异较大。为判断两个模型评估结果的精度，分别基于 GPO 模型和 PO 模型对不同的温度和氧化物电场强度组合下的 MTTF 进行估计[①]，结果如表 3.4.3 和表 3.4.4 所示。

表 3.4.3　基于 GPO 模型的 MTTF 估计　　　　　　单位：年

	145℃	240℃
6.5 MV/cm	1.992054e−01	1.179022e−02
7.0 MV/cm	5.942716e−02	2.339058e−03
7.5 MV/cm	5.160746e−03	3.880194e−04
8.0 MV/cm	1.095276e−03	6.629701e−05

---

① MTTF 的估计程序见附录。

表 3.4.4 基于 PO 模型的 MTTF 估计　　　　　单位：年

	145℃	240℃
6.5 MV/cm	4.172925e-01	3.460510e-02
7.0 MV/cm	9.950721e-02	1.340014e-03
7.5 MV/cm	5.201659e-03	9.901265e-05
8.0 MV/cm	1.112407e-04	8.022581e-05

将基于 GPO 模型的评估结果、基于 PO 模型的评估结果与 Maranowski 和 Cooper（1999）基于指数分布假设的估计结果进行对比，发现基于 GPO 模型评估的 MTTF 与 Maranowski 和 Cooper（1999）估计的 MTTF 比较接近。

3.5　本章小结

本章对 PO 模型进行扩展，提出了一个新的统计加速模型——GPO 模型，GPO 模型将比例优势效应和时间规模效应、时协系数效应结合起来，从而应用范围更广且估计精度更高。首先对 GPO 模型进行理论分析，指出当时间规模变化效应和时协系数效应为 0 时，GPO 模型即为 PO 模型，因而 GPO 模型的适用范围较 PO 模型更为广泛。然后利用 Zhang（2007）中提出的优势函数的近似形式，讨论了 GPO 模型的理论性质，并给出该加速模型下产品可靠性指标的表达式。随后讨论了基于该模型加速寿命试验的统计方法，建立了极大似然函数。由于未知参数较多，利用似然函数对各参数的一阶导函数很难甚至不可能求得各参数的显式解，对此情形，详述了基于 Newton-Raphson 算法的 GPO 模型中各参数的估计方法，并以此计算各可靠性特征量的估计。

在模拟研究中，由于 Zhang（2007）已对基于 PO 模型的加速寿命试验进行了模拟研究，并通过模拟研究发现，当失效数据服从对数 Logistics 分布时，基于 PO 模型的估计结果优于基于其他统计加速模型的估计结果。所以本章只是对 GPO 模型和 PO 模型进行对比模拟研究，由模拟研究结果发现，我们提出的基于 GPO 模型的估计结果优于基于 PO 模型的估计结果。这是因为，GPO 模型能够在考虑比例优势效应的同时，计算出时间规模效应和时协系数效应对优势函数产生的影响。因此，基于该模型构建的加速寿命试验的统计分析方法，能够更加有效地应用在可靠性评估体系中。

此外，本书通过一个实例再次验证了 GPO 模型的有效性，并由此表明了提出该模型的必要性。与 PO 模型相比，基于 GPO 模型的评估结果更加接近 Maranowski 和 Cooper（1999）的估计结果。但是，Maranowski 和 Cooper（1999）基于图示法的统计分析仅仅能估计出 6H-SiC MOS 电容器的 MTTF，而使用 GPO 模型对 TDDB 数据进行统计分析不仅能估计某个特定温度和电场下的 MTTF，还可以得到任意时间的可靠度，并可以计算任意时间的可靠度的置信区间估计（具体方法见第 5 章）。

❹

基于 GPO 模型的截尾加速寿命试验的统计分析

第 3 章中提出了广义比例优势模型（Generalized Proportional Odds Model，简称 GPO 模型），并通过对 GPO 模型的理论分析、实例验证及模拟分析，验证了该模型在加速寿命试验数据分析中较比例优势模型（Proportional Odds Model，简称 PO 模型）更为有效。

由于加速寿命试验主要是对具有较高可靠度的产品进行可靠性评估，这类产品的寿命较长，通常并不能得到每一个受试产品的完整寿命。因此，若想在较短的时间内评估产品在设计应力下的可靠性指标，往往需对试验样本进行截尾。我们在本章给出基于 GPO 模型的截尾样本场合的加速寿命试验统计分析方法。为方便起见，本章所讨论的仍然是单个加速应力情形的模型；当加速应力是多应力时，在计算过程中取 z 为列向量，且用 zz^T 来代替单应力模型中的 z^2 即可。

4.1 模型的建立

4.1.1 基本假设

假设对 n 个产品进行加速寿命试验，观测到的失效数据集为 $D = \{(t_i, z_i, I_i), i = 1, \cdots, n\}$，其中，$t_i$ 表示第 i 个受试产品的失效时间或者截尾时间；z_i 表示受试产品的加速因子；I_i 为第 i 个受试产品的截尾指示变量；t_i

为第 i 个受试产品的失效时间时记 $I_i = 0$，t_i 为第 i 个受试产品的截尾时间时记 $I_i = 1$。

4.1.2 基于截尾样本数据的极大似然函数

我们在第 3 章提出 GPO 模型，模型定义如下：

$$\theta(t, z) = e^{(\alpha_0 + \alpha_1 t)z} \cdot \theta_0(te^{(\beta_0 + \beta_1 t)z}) \tag{4.1.1}$$

利用 Zhang (2007) 给出的优势函数近似形式 $\theta_0(t) = \gamma_1 t + \gamma_2 t^2$，可得：

$$\theta(t, z) = e^{(\alpha_0 + \alpha_1 t)z} \cdot (\gamma_1 \cdot te^{(\beta_0 + \beta_1 t)z} + \gamma_2 \cdot t^2 e^{2(\beta_0 + \beta_1 t)z}) \tag{4.1.2}$$

$$= \gamma_1 \cdot te^{(\omega_0 + \omega_1 t)z} + \gamma_2 \cdot t^2 e^{(v_0 + v_1 t)z},$$

其中，$\omega_0 = \alpha_0 + \beta_0$，$\omega_1 = \alpha_1 + \beta_1$，$v_0 = \alpha_0 + 2\beta_0$，$v_1 = \alpha_1 + 2\beta_1$。

从而基于 GPO 模型的危险率函数可表示为：

$$\lambda(t, z) = \frac{\theta'(t, z)}{\theta(t, z) + 1}$$

$$= \frac{\gamma_1 e^{(\omega_0 + \omega_1 t)z} + \gamma_1 te^{(\omega_0 + \omega_1 t)z}\omega_1 z + 2\gamma_2 te^{(v_0 + v_1 t)z} + \gamma_2 t^2 e^{(v_0 + v_1 t)z}v_1 z}{\gamma_1 te^{(\omega_0 + \omega_1 t)z} + \gamma_2 t^2 e^{(v_0 + v_1 t)z} + 1}$$

$$\tag{4.1.3}$$

累积危险率函数可表示为：

$$\Lambda(t, z) = \ln[\theta(t, z) + 1] \tag{4.1.4}$$

$$= \ln[\gamma_1 te^{(\omega_0 + \omega_1 t)z} + \gamma_2 t^2 e^{(v_0 + v_1 t)z} + 1]$$

可靠度函数为：

$$R(t, z) = \frac{1}{\theta(t, z) + 1} \tag{4.1.5}$$

$$= \frac{1}{\gamma_1 te^{(\omega_0 + \omega_1 t)z} + \gamma_2 t^2 e^{(v_0 + v_1 t)z} + 1}$$

概率密度函数为：

$$f(t, z) = \lambda(t, z)R(t, z)$$

$$= \frac{\gamma_1 e^{(\omega_0 + \omega_1 t)z} + \gamma_1 te^{(\omega_0 + \omega_1 t)z}\omega_1 z + 2\gamma_2 te^{(v_0 + v_1 t)z} + \gamma_2 t^2 e^{(v_0 + v_1 t)z}v_1 z}{[\gamma_1 te^{(\omega_0 + \omega_1 t)z} + \gamma_2 t^2 e^{(v_0 + v_1 t)z} + 1]^2}$$

$$\tag{4.1.6}$$

由于数据集 (t_i, z_i, I_i) 的似然函数为：

$$L = \{f(t_i,\ z)\}^{1-I_i} \{R(t_i,\ z)\}^{I_i} = \{\lambda(t_i,\ z)\}^{1-I_i} R(t_i,\ z) \quad (4.1.7)$$

从而对数似然函数为：

$$l = \sum_{i=1}^{n} (1 - I_i) \ln\lambda(t_i,\ z) + \sum_{i=1}^{n} \ln R(t_i,\ z)$$

$$= \sum_{i=1}^{n} (1 - I_i) \ln\lambda(t_i,\ z) - \sum_{i=1}^{n} \Lambda(t_i,\ z)$$

$$= \sum_{i=1}^{n} (1 - I_i) \left[\ln\theta'(t_i,\ z) \right] + \sum_{i=1}^{n} I_i \ln(\theta(t_i,\ z) + 1) \quad (4.1.8)$$

将式 (4.1.2) ~式 (4.1.4) 代入对数似然函数，可得：

$$l = \sum_{i=1}^{n} (1 - I_i) \ln\left(\gamma_1 e^{(\omega_0 + \omega_1 t_i)z_i}(1 + \omega_1 t_i z_i) + \gamma_2 t_i e^{(v_0 + v_1 t_i)z_i}(2 + v_1 t_i z_i) \right) +$$

$$\sum_{i=1}^{n} I_i \ln\left[\gamma_1 t_i e^{(\omega_0 + \omega_1 t_i)z_i} + \gamma_2 t^2 e^{(v_0 + v_1 t_i)z_i} + 1 \right]$$

$$(4.1.9)$$

4.2 截尾加速寿命试验数据下产品
可靠性的估计

对 l 关于 v_0，v_1，ω_0，ω_1，γ_1，γ_2 求偏导，可得：

$$\frac{\partial l}{\partial u} = \frac{\partial \left[\sum_{i=1}^{n} (1 - I_i) \ln\lambda(t_i,\ z) - \sum_{i=1}^{n} \Lambda(t_i,\ z) \right]}{\partial u} \quad (4.2.1)$$

$$= \sum_{i=1}^{n} (1 - I_i) \frac{1}{\lambda(t_i,\ z)} \frac{\partial[\lambda(t_i,\ z)]}{\partial u} - \sum_{i=1}^{n} \frac{\partial \Lambda(t_i,\ z)}{\partial u}$$

其中：

$$\frac{\partial \lambda(t,\ z)}{\partial v_0} = \frac{\gamma_1 z e^{(\omega_0 + \omega_1 t)z}(1 + t\omega_1 z) + \gamma_2 z t e^{(v_0 + v_1 t)z}(2 + t v_1 z)}{\left[\gamma_1 t e^{(\omega_0 + \omega_1 t)z} + \gamma_2 t^2 e^{(v_0 + v_1 t)z} + 1 \right]^2} \quad (4.2.2)$$

$$\frac{\partial \lambda(t,\ z)}{\partial v_1} = \frac{\gamma_1 t z e^{(\omega_0 + \omega_1 t)z}(2 + t\omega_1 z) + \gamma_2 t^2 z e^{(v_0 + v_1 t)z}(3 + t v_1 z)}{\left[\gamma_1 t e^{(\omega_0 + \omega_1 t)z} + \gamma_2 t^2 e^{(v_0 + v_1 t)z} + 1 \right]^2}$$

$$(4.2.3)$$

$$\frac{\partial \lambda(t, z)}{\partial \omega_0} =$$

$$\frac{\left[\gamma_2 z t e^{(v_0+v_1 t)z}(2+t v_1 z)\right]\left[\gamma_1 t e^{(\omega_0+\omega_1 t)z}+2\right]-\left[\gamma_1 z e^{(\omega_0+\omega_1 t)z}(1+t\omega_1 z)\right]\left[\gamma_2 t^2 e^{(v_0+v_1 t)z}-1\right]}{\left[\gamma_1 t e^{(\omega_0+\omega_1 t)z}+\gamma_2 t^2 e^{(v_0+v_1 t)z}+1\right]^2}$$

$$(4.2.4)$$

$$\frac{\partial \lambda(t, z)}{\partial \omega_1} =$$

$$\frac{\left[\gamma_1 t z e^{(\omega_0+\omega_1 t)z}+\gamma_2 t^2 z e^{(v_0+v_1 t)z}(4+t v_1 z)\right]\left[\gamma_1 t e^{(\omega_0+\omega_1 t)z}+\gamma_2 t^2 e^{(v_0+v_1 t)z}+1\right]}{\left[\gamma_1 t e^{(\omega_0+\omega_1 t)z}+\gamma_2 t^2 e^{(v_0+v_1 t)z}+1\right]^2}-$$

$$\frac{\left[\gamma_1 t z e^{(\omega_0+\omega_1 t)z}(1+t\omega_1 z)+\gamma_2 t^2 z e^{(v_0+v_1 t)z}(2+t v_1 z)\right]\left[\gamma_2 t^2 e^{(v_0+v_1 t)z}-1\right]}{\left[\gamma_1 t e^{(\omega_0+\omega_1 t)z}+\gamma_2 t^2 e^{(v_0+v_1 t)z}+1\right]^2}$$

$$(4.2.5)$$

$$\frac{\partial \lambda(t, z)}{\partial \gamma_1} = \frac{e^{(\omega_0+\omega_1 t)z}\left[-\gamma_2 t^2 e^{(v_0+v_1 t)z}(1+t\beta_1 z)+(1+t\omega_1 z)\right]}{\left[\gamma_1 t e^{(\omega_0+\omega_1 t)z}+\gamma_2 t^2 e^{(v_0+v_1 t)z}+1\right]^2}$$

$$(4.2.6)$$

$$\frac{\partial \lambda(t, z)}{\partial \gamma_2} = \frac{\left[t e^{(v_0+v_1 t)z}\right]\left[\gamma_1 t e^{(\omega_0+\omega_1 t)z}(1+t\beta_1 z)+(2+t v_1 z)\right]}{\left[\gamma_1 t e^{(\omega_0+\omega_1 t)z}+\gamma_2 t^2 e^{(v_0+v_1 t)z}+1\right]^2}$$

$$(4.2.7)$$

$$\frac{\partial \Lambda(t, z)}{\partial v_0} = \frac{\gamma_1 t z e^{(\omega_0+\omega_1 t)z}+\gamma_2 t^2 z e^{(v_0+v_1 t)z}}{\gamma_1 t e^{(\omega_0+\omega_1 t)z}+\gamma_2 t^2 e^{(v_0+v_1 t)z}+1} \qquad (4.2.8)$$

$$\frac{\partial \Lambda(t, z)}{\partial v_1} = \frac{\gamma_1 t^2 z e^{(\omega_0+\omega_1 t)z}+\gamma_2 t^3 z e^{(v_0+v_1 t)z}}{\gamma_1 t e^{(\omega_0+\omega_1 t)z}+\gamma_2 t^2 e^{(v_0+v_1 t)z}+1} \qquad (4.2.9)$$

$$\frac{\partial \Lambda(t, z)}{\partial \omega_0} = \frac{\gamma_1 t z e^{(\omega_0+\omega_1 t)z}+2\gamma_2 t^2 z e^{(v_0+v_1 t)z}}{\gamma_1 t e^{(\omega_0+\omega_1 t)z}+\gamma_2 t^2 e^{(v_0+v_1 t)z}+1} \qquad (4.2.10)$$

$$\frac{\partial \Lambda(t, z)}{\partial \omega_1} = \frac{\gamma_1 t^2 z e^{(\omega_0+\omega_1 t)z}+2\gamma_2 t^3 z e^{(v_0+v_1 t)z}}{\gamma_1 t e^{(\omega_0+\omega_1 t)z}+\gamma_2 t^2 e^{(v_0+v_1 t)z}+1} \qquad (4.2.11)$$

$$\frac{\partial \Lambda(t, z)}{\partial \gamma_1} = \frac{t e^{(\omega_0+\omega_1 t)z}}{\gamma_1 t e^{(\omega_0+\omega_1 t)z}+\gamma_2 t^2 e^{(v_0+v_1 t)z}+1} \qquad (4.2.12)$$

$$\frac{\partial \Lambda(t, z)}{\partial \gamma_2} = \frac{t^2 e^{(v_0+v_1 t)z}}{\gamma_1 t e^{(\omega_0+\omega_1 t)z}+\gamma_2 t^2 e^{(v_0+v_1 t)z}+1} \qquad (4.2.13)$$

在理论上，令式（4.2.1）等于 0，将得到联立方程组，求解此方程组可得 ω_0，ω_1，υ_0，υ_1，γ_1，γ_2 的值，再根据 $\omega_0 = \alpha_0 + \beta_0$，$\omega_1 = \alpha_1 + \beta_1$，$\upsilon_0 = \alpha_0 + 2\beta_0$，$\upsilon_1 = \alpha_1 + 2\beta_1$，即可求得 GPO 模型参数 α_0，α_1，β_0，β_1，γ_1，γ_2 的值。但是在实际求解过程中，这种方法很难甚至不可能求得 ω_0，ω_1，υ_0，υ_1，γ_1，γ_2 的显式解，因此一般采用数值算法来计算，例如 Newton–Raphson 算法。这里不再赘述。

在求得参数 α_0，α_1，β_0，β_1，γ_1，γ_2 的估计值[①]后，将估计值代入式（4.1.3）~式（4.2.6），可得各可靠性指标的估计。

4.3 数值模拟

4.3.1 数值模拟（Ⅰ）

在本节我们使用第 3 章生成的数据集I，该数据集中有 300 组失效时间数据；受试产品的加速应力为温度，共有 3 个应力水平，即 50℃、100℃、150℃；其他参数的取值设定为 $\alpha_0 = 0$，$\alpha_1 = -3$，$\gamma = 800$，基于该失效数据集，我们对各个应力水平下的寿命数据分别做 5%、10%、15% 的截尾，从而得到 3 个截尾数据集，分别有 285 组、270 组和 255 组失效时间数据。

我们分别基于 PO 模型和 GPO 模型对上述截尾数据集进行统计分析，表 4.3.1 和表 4.3.2 给出了基于无截尾数据集和截尾 5%、10%、15% 的数据集，PO 模型和 GPO 模型中未知参数的估计值。

表 4.3.1　PO 模型中参数的估计

估计值	无截尾	5% 截尾	10% 截尾	15% 截尾
β	78.087479	−11.096824	134.309976	95.427901
$-\ln L$	1653.906137	1652.997045	1647.795504	1631.917425

---

① 基于 C 语言的估计程序见附录。

表 4.3.2　GPO 模型中参数的估计

估计值	无截尾	5% 截尾	10% 截尾	15% 截尾
γ_1	0.711815e-03	1.875024e-03	-2.545381e-02	-1.433692e-03
γ_2	1.926134e-03	-3.294536e-04	7.929059e-01	1.772395e-03
α_0	-3.260094e+01	-2.9582013e+01	1.027898e+02	-1.354279e+01
α_1	7.8367100e-01	1.323064e+01	9.340781e-01	4.695924e-01
β_0	-1.224395e+02	-7.580241e+02	7.242387e+01	5.443902e+02
β_1	3.373492e+01	-1.290349e+03	1.245378	6.559032e+01
$-\ln L$	1782.691325	1765.332490	1744.215765	1739.875694

　　由于表 4.3.1 和表 4.3.2 中的失效时间数据来自预先指定的加速模型，以及预先指定参数的对数 Logistics 分布，我们可以得到该产品在指定的应力水平下真实的可靠度函数，从而可以将基于 PO 模型和 GPO 模型统计分析所得到的可靠度函数与真实的可靠度函数进行对比，对比结果如图 4.3.1~图 4.3.12 所示。

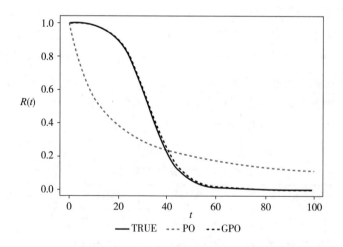

图 4.3.1　应力水平 $T = 323.16K$ 时真实可靠度函数与基于 GPO 模型、基于 PO 模型评估的可靠度函数的比较（无截尾）

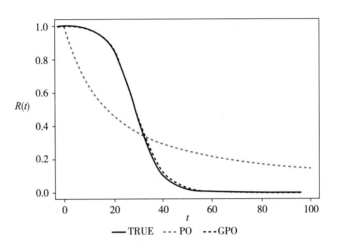

图 4. 3. 2 应力水平 $T = 323.16K$ 时真实可靠度函数与基于 GPO 模型、
基于 PO 模型评估的可靠度函数的比较（5%的截尾率）

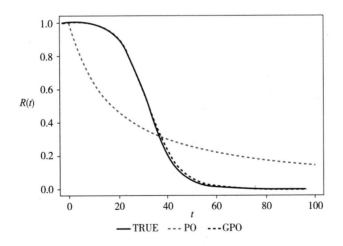

图 4. 3. 3 应力水平 $T = 323.16K$ 时真实可靠度函数与基于 GPO 模型、
基于 PO 模型评估的可靠度函数的比较（10%的截尾率）

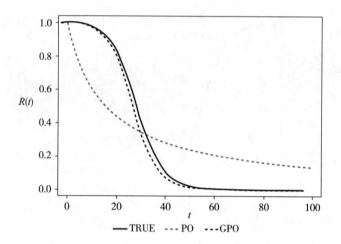

图 4.3.4 应力水平 $T = 323.16K$ 时真实可靠度函数与基于 **GPO** 模型、基于 **PO** 模型评估的可靠度函数的比较（**15%**的截尾率）

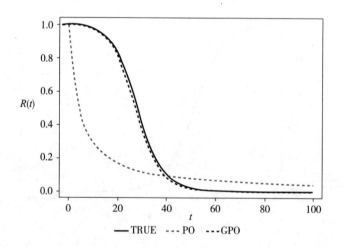

图 4.3.5 应力水平 $T = 373.16K$ 时真实可靠度函数与基于 **GPO** 模型、基于 **PO** 模型评估的可靠度函数的比较（**无截尾**）

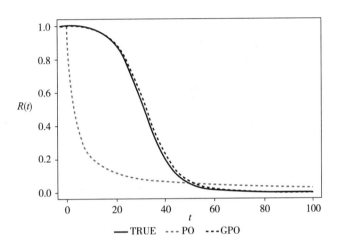

图 4.3.6 应力水平 $T = 373.16K$ 时真实可靠度函数与基于 GPO 模型、基于 PO 模型评估的可靠度函数的比较（5%的截尾率）

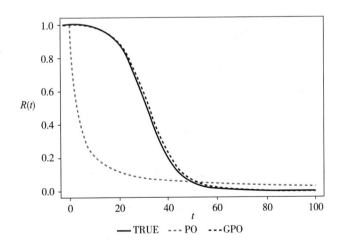

图 4.3.7 应力水平 $T = 373.16K$ 时真实可靠度函数与基于 GPO 模型、基于 PO 模型评估的可靠度函数的比较（10%的截尾率）

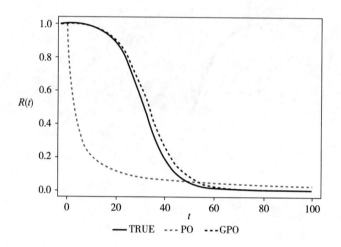

图 **4.3.8** 应力水平 *T* = **373.16K** 时真实可靠度函数与基于 **GPO** 模型、
基于 **PO** 模型评估的可靠度函数的比较 (**15%** 的截尾率)

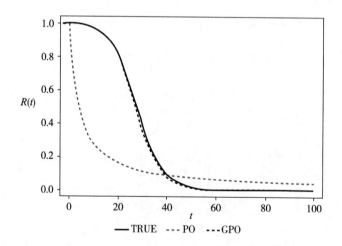

图 **4.3.9** 应力水平 *T* = **423.16K** 时真实可靠度函数与基于 **GPO** 模型、
基于 **PO** 模型评估的可靠度函数的比较 (无截尾)

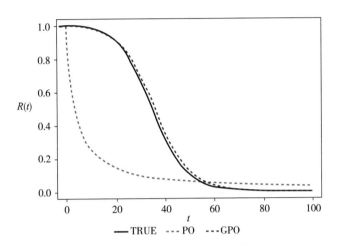

图 4.3.10 应力水平 $T = 423.16K$ 时真实可靠度函数与基于 GPO 模型、
基于 PO 模型评估的可靠度函数的比较（5%的截尾率）

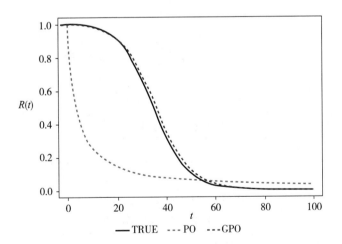

图 4.3.11 应力水平 $T = 423.16K$ 时真实可靠度函数与基于 GPO 模型、
基于 PO 模型评估的可靠度函数的比较（10%的截尾率）

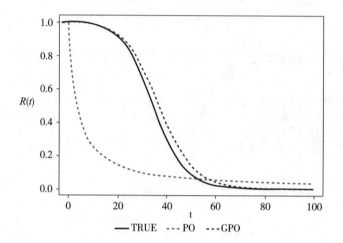

图 4.3.12 应力水平 $T = 423.16K$ 时真实可靠度函数与基于 GPO 模型、基于 PO 模型评估的可靠度函数的比较（15%的截尾率）

此外，在无截尾数据集及截尾率为 5%、10%、15% 的截尾数据集下，我们将真实的可靠度与基于 GPO 模型、基于 PO 模型评估的可靠度的平方误差总和（SSE）的对比结果如表 4.3.3~表 4.3.6 所示。

表 4.3.3 无截尾数据集下基于 PO 模型和 GPO 模型评估的可靠度评估结果比较

模型		$z = 1/323.16K$	$z = 1/373.16K$	$z = 1/423.16K$
无截尾	TRUE vs GPO	0.0798205	0.031027	0.1420597
	TRUE vs PO	0.200903	0.113257	0.2931154

表 4.3.4 5%截尾数据集下基于 PO 模型和 GPO 模型评估的可靠度评估结果比较

模型		$z = 1/323.16K$	$z = 1/373.16K$	$z = 1/423.16K$
5%截尾	TRUE vs GPO	0.1306532	0.0720459	0.1792305
	TRUE vs PO	0.3362591	0.2145327	0.3578264

表 4.3.5　10%截尾数据集基于 PO 模型和 GPO 模型评估的
可靠度评估结果比较

模型		$z = 1/323.16K$	$z = 1/373.16K$	$z = 1/423.16K$
10%截尾	TRUE vs GPO	0.1757692	0.1139048	0.2878804
	TRUE vs PO	0.4287920	0.2357309	0.3903336

表 4.3.6　15%截尾数据集基于 PO 模型和 GPO 模型评估的
可靠度评估结果比较

模型		$z = 1/323.16K$	$z = 1/373.16K$	$z = 1/423.16K$
15%截尾	TRUE vs GPO	0.2130787	0.29450991	0.2920006
	TRUE vs PO	0.4358211	0.33552702	0.4137935

注：表 4.3.3～表 4.3.6 中的结果是基于不同应力水平下可靠度差异的平方和进行比较而得的，值越小说明模型的拟合度越好。

从上述结果可以看出，数据集的截尾率对可靠度估计的精确性有显著影响，即截尾率越高，可靠度估计的精确性越差。但是，无论在何种截尾率下，基于 GPO 模型的可靠度估计的精确度始终高于基于 PO 模型的可靠度估计的精确度。

4.3.2　数值模拟（Ⅱ）

为避免偶然性，我们在这里仿照生成数据集Ⅰ的程序，再次随机生成 30 个数据集，每个数据集包含 300 组失效数据（共 9000 组数据）；然后分别对此 30 个数据集进行 5%、10%、15% 的截尾；之后在无截尾情况下及截尾率分别为 5%、10%、15% 的情况下，基于 GPO 模型对每个数据集进行统计分析，估计各个应力水平下（50℃、100℃、150℃）产品的可靠度，进而计算这些可靠度估计的均值。

表 4.3.7 给出了无截尾数据集和截尾率为 5%、10%、15% 的截尾数据集下，各应力水平下可靠度均值与真实可靠度的误差总平方和。

表 4.3.7　各截尾率下可靠度估计的均值与真实可靠度的误差总平方和

	$T = 323.16K$	$T = 373.16K$	$T = 423.16K$
无截尾	0.000720511	0.001310274	0.001420957
5%的截尾	0.000780352	0.001594065	0.00183426
10%的截尾	0.0009071329	0.002109006	0.002275603
15%的截尾	0.0014904587	0.002350988	0.002432109

在无截尾情况下及截尾率分别为 5%、10%、15% 的情况下，将各应力水平下可靠度估计值的均值与真实可靠度进行对比，对比结果如图 4.3.13~图 4.3.24 所示。

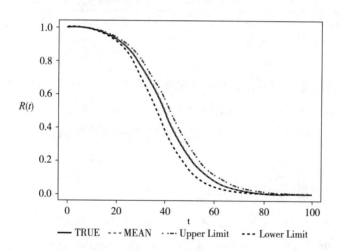

图 4.3.13　应力水平 $T = 323.16K$ 时真实可靠度函数与基于 GPO 模型估计的
可靠度均值和上下限的比较（无截尾）

这些结果再次证实：无论在何种截尾率下，基于 GPO 模型得到的可靠度估计始终接近真实可靠度，且真实的可靠度总在基于 GPO 模型得到的可靠度估计的上下限之间；从而说明利用 GPO 模型对该数据进行统计分析是合理的。

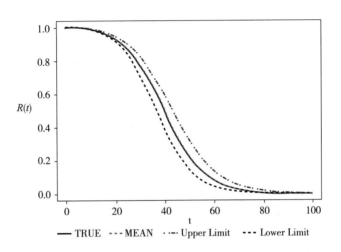

图 4.3.14 应力水平 $T = 323.16K$ 时真实可靠度函数与基于 **GPO** 模型估计的
可靠度均值和上下限的比较（**5%**的截尾率）

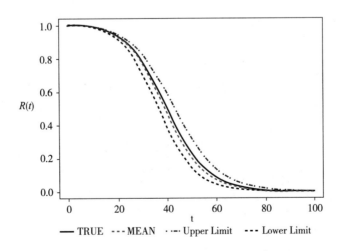

图 4.3.15 应力水平 $T = 323.16K$ 时真实可靠度函数与基于 **GPO** 模型估计的
可靠度均值和上下限的比较（**10%**的截尾率）

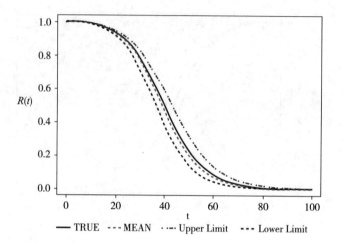

图 4.3.16 应力水平 $T = 323.16K$ 时真实可靠度函数与基于 **GPO** 模型估计的
可靠度均值和上下限的比较（**15%** 的截尾率）

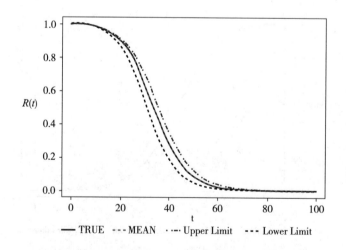

图 4.3.17 应力水平 $T = 373.16K$ 时真实可靠度函数与基于 **GPO** 模型估计的
可靠度均值和上下限的比较（无截尾）

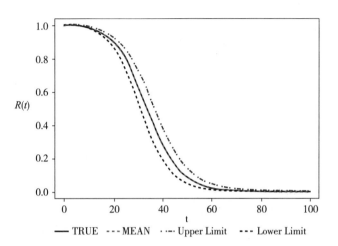

图 4.3.18 应力水平 $T = 373.16K$ 时真实可靠度函数与基于 GPO 模型估计的
可靠度均值和上下限的比较（5%的截尾率）

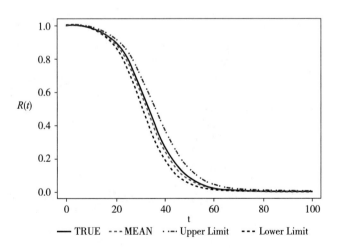

图 4.3.19 应力水平 $T = 373.16K$ 时真实可靠度函数与基于 GPO 模型估计的
可靠度均值和上下限的比较（10%的截尾率）

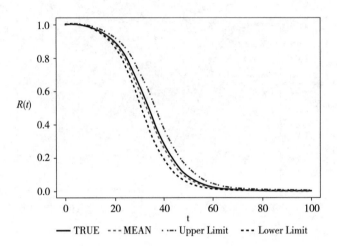

图 4.3.20 应力水平 *T* = 373.16*K* 时真实可靠度函数与基于 **GPO** 模型估计的
可靠度均值和上下限的比较（15%的截尾率）

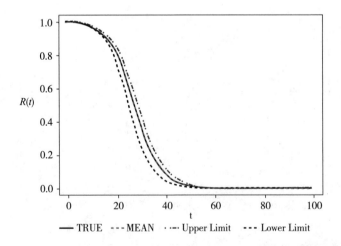

图 4.3.21 应力水平 *T* = 423.16*K* 时真实可靠度函数与基于 **GPO** 模型估计的
可靠度均值和上下限的比较（无截尾）

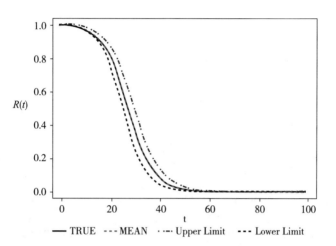

图 4. 3. 22 应力水平 *T* = 423. 16*K* 时真实可靠度函数与基于 **GPO** 模型估计的
可靠度均值和上下限的比较（**5%**的截尾率）

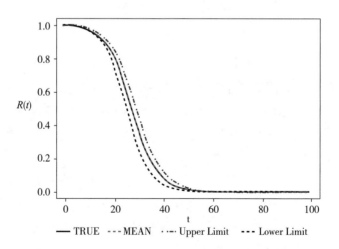

图 4. 3. 23 应力水平 *T* = 423. 16*K* 时真实可靠度函数与基于 **GPO** 模型估计的
可靠度均值和上下限的比较（**10%**的截尾率）

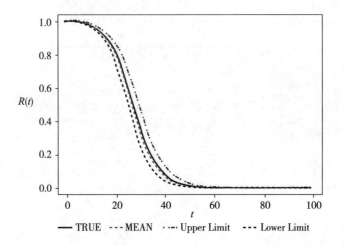

图 4.3.24   应力水平 $T = 423.16K$ 时真实可靠度函数与基于 GPO 模型估计的可靠度均值和上下限的比较（15%的截尾率）

4.4   本章小结

当对高可靠产品进行加速寿命试验时，由于很难得到全部产品的失效数据，往往需要对试验进行截尾，一般采用定时或定数截尾方案。以往的历史经验表明，随着截尾数目增加，失效数据的损失率将迅速提高。为减少数据信息的损失并提高估计精度，本章将 GPO 模型应用到截尾加速寿命试验数据的统计分析中，构建了分析框架。

我们首先利用 GPO 模型将应力协变量与优势函数联系起来，在同时考虑时协系数效应、时间规模效应及比例优势效应的情况下，给出协变量作用下的产品优势函数表达式。然后根据优势函数建立似然函数方程，并求解模型参数，从而计算产品在正常应力水平下的各可靠度指标。接下来通过数值模拟，基于 GPO 模型和 PO 模型对截尾样本场合的加速寿命试验数据进行统计分析，分析结果为：在截尾率为 0%、5%、10% 和 15% 的情况下，基于 GPO 模型估计的可靠度的精度始终高于基于 PO 模型估计得到的可靠度的精度。总而言之，与 PO 模型相比较而言，利用 GPO 模型对加速寿命试验数据进行评估，能够减少数据信息的损失，评估精度更高且评估结果更加有效。此外，本书随机生成 30 个数据集（共 9000 组数据），对这些数据集进行 0%、5%、10% 和 15% 的截尾，基于 GPO 模型对这些失效数据进行统计分析，将可靠度估计的上下限及均值与真实的可靠度进行对比，对比结果表明，利用 GPO 模型对该模拟数据进行统计分析是合理的。

❺
置信区间估计及模型验证

前文给出了 GPO 中未知参数的点估计,并计算出了设计应力条件下可靠性特征量的估计。但是,产品可靠性特征量的估计是随机变量,因此有一定的随机变动范围。在实际可靠工程中,相比产品可靠性特征值的点估计,人们往往会更加关注估计值的不确定性的区间估计。在经典统计方法中,经常用到的区间估计方法是置信区间估计法,该方法通过构造一个与未知参数相关的统计量,然后根据该统计量的分布来计算可靠性特征量的置信区间估计。在置信区间估计法中,选择适当的统计量往往至关重要,因为适当的统计量不仅使得其自身分布类型容易确定,而且由此统计量的分布计算得到的区间估计会具有最优特性,诸如无偏性及区间长度最短等。然而,在大多数情况下,仅基于加速寿命试验的数据类型,往往很难构造出一个足够理想的统计量,用来估计产品可靠性特征值的置信区间。为解决上述问题,本章通过建立 GPO 模型的 Fisher 信息矩阵,基于 Fisher 信息矩阵计算 GPO 模型中未知参数的方差—协方差矩阵,给出模型参数估计的置信区间,从而给出设计应力条件下可靠度的置信区间估计的计算方法。

此外,本章通过建立似然比统计量给出了 GPO 模型的有效性的验证方法。

5.1 置信区间估计

5.1.1 Fisher 信息矩阵

我们考虑基于 GPO 的加速寿命试验模型:

$$\theta(t, z) = e^{(\beta_0+\beta_1 t)z} \cdot \theta_0(e^{(\alpha_0+\alpha_1 t)z}t) \qquad (5.1.1)$$

并设基准优势函数：

$$\theta_0(t) = \gamma_1 t + \gamma_2 t^2, \quad \gamma_1 \geqslant 0, \quad \gamma_2 \geqslant 0 \qquad (5.1.2)$$

故 GPO 模型可表示为：

$$\begin{aligned}\theta(t, z) &= e^{(\alpha_0+\alpha_1 t)z} \cdot (\gamma_1 \cdot te^{(\beta_0+\beta_1 t)z} + \gamma_2 \cdot t^2 e^{2(\beta_0+\beta_1 t)z}) \\ &= \gamma_1 \cdot te^{(\omega_0+\omega_1 t)z} + \gamma_2 \cdot t^2 e^{(v_0+v_1 t)z}\end{aligned} \qquad (5.1.3)$$

此处，$\omega_0 = \alpha_0 + \beta_0$，$\omega_1 = \alpha_1 + \beta_1$，$v_0 = \alpha_0 + 2\beta_0$，$v_1 = \alpha_1 + 2\beta_1$。

从而基于 GPO 模型的危险率函数可表示为：

$$\begin{aligned}\lambda(t, z) &= \frac{\theta'(t, z)}{\theta(t, z) + 1} \\ &= \frac{\gamma_1 e^{(\omega_0+\omega_1 t)z} + \gamma_1 te^{(\omega_0+\omega_1 t)z}\omega_1 z + 2\gamma_2 te^{(v_0+v_1 t)z} + \gamma_2 t^2 e^{(v_0+v_1 t)z}v_1 z}{\gamma_1 te^{(\omega_0+\omega_1 t)z} + \gamma_2 t^2 e^{(v_0+v_1 t)z} + 1}\end{aligned}$$

$$(5.1.4)$$

累积危险率函数可表示为：

$$\begin{aligned}\Lambda(t, z) &= \ln[\theta(t, z) + 1] \\ &= \ln[\gamma_1 te^{(\omega_0+\omega_1 t)z} + \gamma_2 t^2 e^{(v_0+v_1 t)z} + 1]\end{aligned} \qquad (5.1.5)$$

可靠度函数为：

$$\begin{aligned}R(t, z) &= \frac{1}{\theta(t, z) + 1} \\ &= \frac{1}{\gamma_1 te^{(\omega_0+\omega_1 t)z} + \gamma_2 t^2 e^{(v_0+v_1 t)z} + 1}\end{aligned} \qquad (5.1.6)$$

概率密度函数为：

$$\begin{aligned}f(t, z) &= \lambda(t, z)R(t, z) \\ &= \frac{\gamma_1 e^{(\omega_0+\omega_1 t)z} + \gamma_1 te^{(\omega_0+\omega_1 t)z}\omega_1 z + 2\gamma_2 te^{(v_0+v_1 t)z} + \gamma_2 t^2 e^{(v_0+v_1 t)z}v_1 z}{[\gamma_1 te^{(\omega_0+\omega_1 t)z} + \gamma_2 t^2 e^{(v_0+v_1 t)z} + 1]^2}\end{aligned}$$

$$(5.1.7)$$

假设对 n 个产品进行加速寿命试验，观测数据集为 $D = \{(t_i, z_i, I_i), i = 1, \cdots, n\}$，其中，$t_i$ 表示第 i 个受试产品的失效时间或者截尾时间；z 表示受试产品的加速因子；I_i 为第 i 个受试产品的截尾指示变量；t_i 为第 i 个受试产品的失效时间时记 $I_i = 0$，t_i 为第 i 个受试产品的截尾时间时记 $I_i = 1$。

基于 GPO 的加速寿命试验模型的对数似然函数为：

$$l = \sum_{i=1}^{n}(1 - I_i)\ln\lambda(t_i,\ z) + \sum_{i=1}^{n}\ln R(t_i,\ z) \tag{5.1.8}$$

$$= \sum_{i=1}^{n}(1 - I_i)\ln\lambda(t_i,\ z) - \sum_{i=1}^{n}\Lambda(t_i,\ z)$$

将式（5.1.5）及式（5.1.6）代入式（5.1.8），可得：

$$l = \sum_{i=1}^{n}(1 - I_i)\ln\bigl(\gamma_1 e^{(\omega_0+\omega_1 t_i)z_i}(1 + \omega_1 t_i z_i) + \gamma_2 t_i e^{(v_0+v_1 t_i)z_i}(2 + v_1 t_i z_i)\bigr) +$$

$$\sum_{i=1}^{n}I_i\ln\bigl[\gamma_1 t_i e^{(\omega_0+\omega_1 t_i)z_i} + \gamma_2 t^2 e^{(v_0+v_1 t_i)z_i} + 1\bigr]$$

$$\tag{5.1.9}$$

由极大似然估计程序，可以估计得到参数 α_0，α_1，β_0，β_1，γ_1，γ_2 的估计值；为了得到这些参数的置信区间，我们要构建 Fisher 信息矩阵，首先需要计算对数似然函数 l 关于参数 α_0，α_1，β_0，β_1，γ_1，γ_2 的一阶导数和二阶导数。

我们知道，对数似然函数 l 关于 GPO 模型中的任意参数 u 的一阶偏导数可计算如下：

$$\frac{\partial l(t_i,\ z_i,\ I_i)}{\partial u} = \sum_{i=1}^{n}(1 - I_i)\frac{\frac{\partial\lambda(t_i,\ z_i)}{\partial u}}{\lambda(t_i,\ z_i)} + \sum_{i=1}^{n}I_i\frac{\partial\Lambda(t_i,\ z_i)}{\partial u} \tag{5.1.10}$$

关于任意参数 u 和 v 的二阶偏导数可计算如下：

$$\frac{\partial^2 l(t_i,\ z_i,\ I_i)}{\partial u\partial v} = \sum_{i=1}^{n}(1 - I_i)\frac{\frac{\partial^2\lambda(t_i,\ z_i)}{\partial u\partial v} - \frac{\partial\lambda(t_i,\ z_i)}{\partial u}\frac{\partial\lambda(t_i,\ z_i)}{\partial v}}{[\lambda(t_i,\ z_i)]^2} +$$

$$\sum_{i=1}^{n}I_i\frac{\partial^2\Lambda(t_i,\ z_i)}{\partial u\partial v} \tag{5.1.11}$$

因此，为计算对数似然函数 l 关于参数 α_0，α_1，β_0，β_1，γ_1，γ_2 的一阶导数和二阶导数，需计算危险率函数 $\lambda(t,\ z)$ 和累积危险函数 $\Lambda(t,\ z)$ 关于

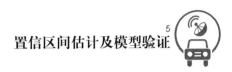

GPO 模型中的任意参数 α_0，α_1，β_0，β_1，γ_1，γ_2 的一阶偏导数和二阶偏导数。

危险率函数 $\lambda(t,z)$ 关于 GPO 模型中的任意参数 α_0，α_1，β_0，β_1，γ_1，γ_2 的一阶偏导数已经在 4.1.3 小节中给出，我们在此计算其二阶偏导数如下：

$$\frac{\partial^2 \lambda(t,z)}{\partial \alpha_0^2} =$$

$$\frac{z^2 \left[\gamma_1 e^{(\omega_0 + \omega_1 t)z}(1 + t\omega_1 z) + \gamma_2 t e^{(v_0 + v_1 t)z}(2 + t v_1 z) \right] \left[1 - \gamma_1 t e^{(\omega_0 + \omega_1 t)z} - \gamma_2 t^2 e^{(v_0 + v_1 t)z} \right]}{\left[\gamma_1 t e^{(\omega_0 + \omega_1 t)z} + \gamma_2 t^2 e^{(v_0 + v_1 t)z} + 1 \right]^3}$$

$$\frac{\partial^2 \lambda(t,z)}{\partial \alpha_0 \partial \alpha_1} = -\frac{\left[\gamma_1 t z^2 e^{(\omega_0 + \omega_1 t)z}(t\omega_1 z) + \gamma_2 t^2 z^2 e^{(v_0 + v_1 t)z}(1 + t v_1 z) \right]}{\left[\gamma_1 t e^{(\omega_0 + \omega_1 t)z} + \gamma_2 t^2 e^{(v_0 + v_1 t)z} + 1 \right]^2} +$$

$$\frac{2 \left[\gamma_1 t z^2 e^{(\omega_0 + \omega_1 t)z}(1 + t\omega_1 z) + \gamma_2 t^2 z^2 e^{(v_0 + v_1 t)z}(2 + t v_1 z) \right]}{\left[\gamma_1 t e^{(\omega_0 + \omega_1 t)z} + \gamma_2 t^2 e^{(v_0 + v_1 t)z} + 1 \right]^3}$$

$$\frac{\partial^2 \lambda(t,z)}{\partial \alpha_0 \partial \beta_0} =$$

$$\frac{\left[\gamma_1 z^2 e^{(\omega_0 + \omega_1 t)z}(1 + t\omega_1 z) + \gamma_2 z^2 t e^{(v_0 + v_1 t)z}(2 + t v_1 z) \right] \left[1 - \gamma_1 t e^{(\omega_0 + \omega_1 t)z} - \gamma_2 t^2 e^{(v_0 + v_1 t)z} \right]}{\left[\gamma_1 t e^{(\omega_0 + \omega_1 t)z} + \gamma_2 t^2 e^{(v_0 + v_1 t)z} + 1 \right]^3}$$

$$\frac{\partial^2 \lambda(t,z)}{\partial \alpha_0 \partial \beta_1} = \frac{\gamma_1 t z^2 e^{(\omega_0 + \omega_1 t)z}(-t\omega_1 z) + 2\gamma_2 t^2 z^2 e^{(v_0 + v_1 t)z}}{\left[\gamma_1 t e^{(\omega_0 + \omega_1 t)z} + \gamma_2 t^2 e^{(v_0 + v_1 t)z} + 1 \right]^2} -$$

$$\frac{2 t z^2 \left[\gamma_1 e^{(\omega_0 + \omega_1 t)z}(1 + t\omega_1 z) + \gamma_2 t e^{(v_0 + v_1 t)z}(2 + t v_1 z) \right] \left[\gamma_2 t^2 e^{(v_0 + v_1 t)z} - 1 \right]}{\left[\gamma_1 t e^{(\omega_0 + \omega_1 t)z} + \gamma_2 t^2 e^{(v_0 + v_1 t)z} + 1 \right]^3}$$

$$\frac{\partial^2 \lambda(t,z)}{\partial \alpha_0 \partial \gamma_1} = \frac{2 z e^{(\omega_0 + \omega_1 t)z} \left[-\gamma_2 t^2 e^{(v_0 + v_1 t)z}(1 + t\beta_1 z) + (1 + t\omega_1 z) \right]}{\left[\gamma_1 t e^{(\omega_0 + \omega_1 t)z} + \gamma_2 t^2 e^{(v_0 + v_1 t)z} + 1 \right]^3} -$$

$$\frac{e^{(\omega_0 + \omega_1 t)z}(1 + t\omega_1 z)}{\left[\gamma_1 t e^{(\omega_0 + \omega_1 t)z} + \gamma_2 t^2 e^{(v_0 + v_1 t)z} + 1 \right]^2} \quad \frac{\partial^2 \lambda(t,z)}{\partial \alpha_0 \partial \gamma_2}$$

$$= -\frac{z t e^{(v_0 + v_1 t)z} \left[\alpha_1 t z \cdot \gamma_1 t e^{(\omega_0 + \omega_1 t)z} + (2 + t v_1 z)(\gamma_2 t^2 e^{(v_0 + v_1 t)z} - 1) \right]}{\left[\gamma_1 t e^{(\omega_0 + \omega_1 t)z} + \gamma_2 t^2 e^{(v_0 + v_1 t)z} + 1 \right]^3}$$

$$\frac{\partial^2 \lambda(t,z)}{\partial \alpha_1^2} = -\frac{\gamma_1 t^2 z^2 e^{(\omega_0 + \omega_1 t)z}(1 + t\omega_1 z) + \gamma_2 t^3 z^2 e^{(v_0 + v_1 t)z}(2 + t v_1 z)}{\left[\gamma_1 t e^{(\omega_0 + \omega_1 t)z} + \gamma_2 t^2 e^{(v_0 + v_1 t)z} + 1 \right]^2} +$$

$$\frac{2\left[\gamma_1 t^2 z^2 e^{(\omega_0+\omega_1 t)z}(2+t\omega_1 z) + \gamma_2 t^3 z^2 e^{(v_0+v_1 t)z}(3+tv_1 z)\right]}{\left[\gamma_1 t e^{(\omega_0+\omega_1 t)z} + \gamma_2 t^2 e^{(v_0+v_1 t)z} + 1\right]^3}$$

$$\frac{\partial^2 \lambda(t, z)}{\partial \alpha_1 \partial \beta_0} = \frac{\left[\gamma_1 t z^2 e^{(\omega_0+\omega_1 t)z}(-2-t\omega_1 z)\right]}{\left[\gamma_1 t e^{(\omega_0+\omega_1 t)z} + \gamma_2 t^2 e^{(v_0+v_1 t)z} + 1\right]^2} -$$

$$\frac{\left[\gamma_1 t z^2 e^{(\omega_0+\omega_1 t)z}(4+2t\omega_1 z) + \gamma_2 t^2 z^2 e^{(v_0+v_1 t)z}(6+2v_1 z)\right]\left[\gamma_2 t^2 e^{(v_0+v_1 t)z} - 1\right]}{\left[\gamma_1 t e^{(\omega_0+\omega_1 t)z} + \gamma_2 t^2 e^{(v_0+v_1 t)z} + 1\right]^3}$$

$$\frac{\partial^2 \lambda(t, z)}{\partial \alpha_1 \partial \beta_1} = \frac{\left[-\gamma_1 t^2 z^2 e^{(\omega_0+\omega_1 t)z}(1+t\omega_1 z) + 2\gamma_2 t^3 z^2 e^{(v_0+v_1 t)z}\right]}{\left[\gamma_1 t e^{(\omega_0+\omega_1 t)z} + \gamma_2 t^2 e^{(v_0+v_1 t)z} + 1\right]^2} -$$

$$\frac{\left[\gamma_1 t^2 z^2 e^{(\omega_0+\omega_1 t)z}(4+2t\omega_1 z) + 2\gamma_2 t^3 z^2 e^{(v_0+v_1 t)z}(3+tv_1 z)\right]\left[\gamma_2 t^2 e^{(v_0+v_1 t)z} - 1\right]}{\left[\gamma_1 t e^{(\omega_0+\omega_1 t)z} + \gamma_2 t^2 e^{(v_0+v_1 t)z} + 1\right]^3}$$

$$\frac{\partial^2 \lambda(t, z)}{\partial \alpha_1 \partial \gamma_1} = \frac{2tz e^{(\omega_0+\omega_1 t)z}\left[-\gamma_2 t^2 e^{(v_0+v_1 t)z}(1+t\beta_1 z) + (1+t\omega_1 z)\right]}{\left[\gamma_1 t e^{(\omega_0+\omega_1 t)z} + \gamma_2 t^2 e^{(v_0+v_1 t)z} + 1\right]^3} -$$

$$\frac{\omega_1 t^2 z^2 e^{(\omega_0+\omega_1 t)z}}{\left[\gamma_1 t e^{(\omega_0+\omega_1 t)z} + \gamma_2 t^2 e^{(v_0+v_1 t)z} + 1\right]^2}$$

$$\frac{\partial^2 \lambda(t, z)}{\partial \alpha_1 \partial \gamma_2} = \frac{2t^2 z e^{(v_0+v_1 t)z}\left[\gamma_1 t e^{(\omega_0+\omega_1 t)z}(1+t\beta_1 z)\right]}{\left[\gamma_1 t e^{(\omega_0+\omega_1 t)z} + \gamma_2 t^2 e^{(v_0+v_1 t)z} + 1\right]^3} -$$

$$\frac{t^2 z e^{(v_0+v_1 t)z}\left\{\left[\gamma_1 t e^{(\omega_0+\omega_1 t)z} + \gamma_2 t^2 e^{(v_0+v_1 t)z}\right]^2 - 2\left[\gamma_1 t e^{(\omega_0+\omega_1 t)z} + \gamma_2 t^2 e^{(v_0+v_1 t)z}\right] - (3+tv_1 z)\right\}}{\left[\gamma_1 t e^{(\omega_0+\omega_1 t)z} + \gamma_2 t^2 e^{(v_0+v_1 t)z} + 1\right]^4}$$

$$\frac{\partial^2 \lambda(t, z)}{\partial \beta_0^2} =$$

$$\frac{4\left[\gamma_1 t e^{(\omega_0+\omega_1 t)z} + 1\right]\left[\gamma_2 z^2 t e^{(v_0+v_1 t)z}(2+tv_1 z)\right]\left[1-\gamma_2 t^2 e^{(v_0+v_1 t)z}\right]}{\left[\gamma_1 t e^{(\omega_0+\omega_1 t)z} + \gamma_2 t^2 e^{(v_0+v_1 t)z} + 1\right]^3} +$$

$$\frac{2\left[\gamma_1 z^2 e^{(\omega_0+\omega_1 t)z}(1+t\omega_1 z)\right]\left[1-\gamma_2 t^2 e^{(v_0+v_1 t)z}\right]^2}{\left[\gamma_1 t e^{(\omega_0+\omega_1 t)z} + \gamma_2 t^2 e^{(v_0+v_1 t)z} + 1\right]^3} -$$

$$\frac{\left[\gamma_1 z^2 e^{(\omega_0+\omega_1 t)z}\right]\left[\gamma_2 t^2 e^{(v_0+v_1 t)z}(3+v_1 tz + \omega_1 tz) + (1-t\omega_1 z)\right]}{\left[\gamma_1 t e^{(\omega_0+\omega_1 t)z} + \gamma_2 t^2 e^{(v_0+v_1 t)z} + 1\right]^2}$$

$$\frac{\partial^2 \lambda(t, z)}{\partial \beta_0 \partial \beta_1} =$$

$$\frac{2\gamma_1\gamma_2 t^3 z^2 e^{[(\omega_0+v_0)+(\omega_1+v_1)t]z} - \gamma_1 z^2 t e^{(\omega_0+\omega_1 t)z}t\omega_1 z + 4\gamma_2 z^2 t^2 e^{(v_0+v_1 t)z}}{[\gamma_1 t e^{(\omega_0+\omega_1 t)z} + \gamma_2 t^2 e^{(v_0+v_1 t)z} + 1]^2} +$$

$$2[1-\gamma_2 t^2 e^{(v_0+v_1 t)z}]\frac{[\gamma_1\gamma_2 t^3 z^2 e^{[(\omega_0+v_0)+(\omega_1+v_1)t]z}(1+t\beta_1 z)]}{[\gamma_1 t e^{(\omega_0+\omega_1 t)z} + \gamma_2 t^2 e^{(v_0+v_1 t)z} + 1]^3} +$$

$$2[1-\gamma_2 t^2 e^{(v_0+v_1 t)z}]\frac{[\gamma_1 z^2 t e^{(\omega_0+\omega_1 t)z}(1+t\omega_1 z) + 2\gamma_2 z^2 t^2 e^{(v_0+v_1 t)z}(2+tv_1 z)]}{[\gamma_1 t e^{(\omega_0+\omega_1 t)z} + \gamma_2 t^2 e^{(v_0+v_1 t)z} + 1]^3}$$

$$\frac{\partial^2 \lambda(t,z)}{\partial\beta_0\partial\gamma_1} = \frac{2z e^{(\omega_0+\omega_1 t)z}[-\gamma_2 t^2 e^{(v_0+v_1 t)z}(1+t\beta_1 z) + (1+t\omega_1 z)]}{[\gamma_1 t e^{(\omega_0+\omega_1 t)z} + \gamma_2 t^2 e^{(v_0+v_1 t)z} + 1]^3} -$$

$$\frac{z e^{(\omega_0+\omega_1 t)z}(1+t\omega_1 z)}{[\gamma_1 t e^{(\omega_0+\omega_1 t)z} + \gamma_2 t^2 e^{(v_0+v_1 t)z} + 1]^2}$$

$$\frac{\partial^2 \lambda(t,z)}{\partial\beta_0\partial\gamma_2} = \frac{tz e^{(v_0+v_1 t)z}[2\gamma_1 t e^{(\omega_0+\omega_1 t)z}(1+t\beta_1 z)][1-\gamma_2 t^2 e^{(v_0+v_1 t)z}]}{[\gamma_1 t e^{(\omega_0+\omega_1 t)z} + \gamma_2 t^2 e^{(v_0+v_1 t)z} + 1]^3} -$$

$$\frac{tz e^{(v_0+v_1 t)z}(2+tv_1 z)\cdot[\gamma_1 t e^{(\omega_0+\omega_1 t)z} + 3\gamma_2 t^2 e^{(v_0+v_1 t)z} - 1]}{[\gamma_1 t e^{(\omega_0+\omega_1 t)z} + \gamma_2 t^2 e^{(v_0+v_1 t)z} + 1]^3}$$

$$\frac{\partial^2 \lambda(t,z)}{\partial\beta_1^2} = \frac{\gamma_1 t^2 z^2 e^{(\omega_0+\omega_1 t)z}[(1-t\omega_1 z) - (3+t\omega_1 z)\gamma_2 t^2 e^{(v_0+v_1 t)z}]}{[\gamma_1 t e^{(\omega_0+\omega_1 t)z} + \gamma_2 t^2 e^{(v_0+v_1 t)z} + 1]^2} -$$

$$\frac{\gamma_2 t^3 z^2 e^{(v_0+v_1 t)z}[\gamma_1 t e^{(\omega_0+\omega_1 t)z}(6+tv_1 z) - 2\gamma_2 t^2 e^{(v_0+v_1 t)z}(2+tv_1 z) + 2(10+3tv_1 z)]}{[\gamma_1 t e^{(\omega_0+\omega_1 t)z} + \gamma_2 t^2 e^{(v_0+v_1 t)z} + 1]^2} +$$

$$\frac{2[\gamma_1 t^2 z^2 e^{(\omega_0+\omega_1 t)z}(1+t\omega_1 z) + \gamma_2 t^3 z^2 e^{(v_0+v_1 t)z}(2+tv_1 z)][\gamma_2 t^2 e^{(v_0+v_1 t)z} - 1]^2}{[\gamma_1 t e^{(\omega_0+\omega_1 t)z} + \gamma_2 t^2 e^{(v_0+v_1 t)z} + 1]^3}$$

$$\frac{\partial^2 \lambda(t,z)}{\partial\beta_1\partial\gamma_1} = -\frac{tz e^{(\omega_0+\omega_1 t)z}[\gamma_2 t^2 e^{(v_0+v_1 t)z} + t\omega_1 z]}{[\gamma_1 t e^{(\omega_0+\omega_1 t)z} + \gamma_2 t^2 e^{(v_0+v_1 t)z} + 1]^2} +$$

$$\frac{2tz e^{(\omega_0+\omega_1 t)z}[-\gamma_2 t^2 e^{(v_0+v_1 t)z}(1+t\beta_1 z) + (1+t\omega_1 z)]}{[\gamma_1 t e^{(\omega_0+\omega_1 t)z} + \gamma_2 t^2 e^{(v_0+v_1 t)z} + 1]^3}$$

$$\frac{\partial^2 \lambda(t,z)}{\partial\beta_1\partial\gamma_2} = \frac{2t^2 z e^{(v_0+v_1 t)z}[\gamma_1 t e^{(\omega_0+\omega_1 t)z}(1+t\beta_1 z) + 1]}{[\gamma_1 t e^{(\omega_0+\omega_1 t)z} + \gamma_2 t^2 e^{(v_0+v_1 t)z} + 1]^2} -$$

$$\frac{2t^2 z e^{(v_0+v_1 t)z}[\gamma_1 t e^{(\omega_0+\omega_1 t)z}(1+t\beta_1 z) + (2+tv_1 z)][\gamma_2 t^2 e^{(v_0+v_1 t)z} - 1]}{[\gamma_1 t e^{(\omega_0+\omega_1 t)z} + \gamma_2 t^2 e^{(v_0+v_1 t)z} + 1]^3}$$

$$\frac{\partial^2 \lambda(t,z)}{\partial\gamma_1^2} = -\frac{2t e^{2(\omega_0+\omega_1 t)z}[-\gamma_2 t^2 e^{(v_0+v_1 t)z}(1+t\beta_1 z) + (1+t\omega_1 z)]}{[\gamma_1 t e^{(\omega_0+\omega_1 t)z} + \gamma_2 t^2 e^{(v_0+v_1 t)z} + 1]^3}$$

$$\frac{\partial^2 \lambda(t, z)}{\partial \gamma_1 \partial \gamma_2} =$$

$$\frac{e^{(\omega_0+\omega_1 t)z} t^2 e^{(v_0+v_1 t)z} \left[-\gamma_1 t e^{(\omega_0+\omega_1 t)z} (1 + t\beta_1 z) + \gamma_2 t^2 e^{(v_0+v_1 t)z} (1 + t\beta_1 z) - (3 + tz(2\omega_1 + \beta_1)) \right]}{\left[\gamma_1 t e^{(\omega_0+\omega_1 t)z} + \gamma_2 t^2 e^{(v_0+v_1 t)z} + 1 \right]^3}$$

$$\frac{\partial^2 \lambda(t, z)}{\partial \gamma_2^2} = -\frac{2 \left[t^3 e^{2(v_0+v_1 t)z} \right] \left[\gamma_1 t e^{(\omega_0+\omega_1 t)z} (1 + t\beta_1 z) + (2 + tv_1 z) \right]}{\left[\gamma_1 t e^{(\omega_0+\omega_1 t)z} + \gamma_2 t^2 e^{(v_0+v_1 t)z} + 1 \right]^3}$$

在 4.1.3 小节中已经给出累积危险率函数 $\Lambda(t, z)$ 关于 GPO 模型中的任意参数 α_0，α_1，β_0，β_1，γ_1，γ_2 的一阶偏导数，在此计算其二阶偏导数如下：

$$\frac{\partial^2 \Lambda(t, z)}{\partial \alpha_0^2} = \frac{\gamma_1 t z^2 e^{(\omega_0+\omega_1 t)z} + \gamma_2 t^2 z^2 e^{(v_0+v_1 t)z}}{\gamma_1 t e^{(\omega_0+\omega_1 t)z} + \gamma_2 t^2 e^{(v_0+v_1 t)z} + 1},$$

$$\frac{\partial^2 \Lambda(t, z)}{\partial \alpha_0 \partial \alpha_1} = \frac{t^2 z^2 \left[\gamma_1 e^{(\omega_0+\omega_1 t)z} + \gamma_2 t e^{(v_0+v_1 t)z} \right]}{\left[\gamma_1 t e^{(\omega_0+\omega_1 t)z} + \gamma_2 t^2 e^{(v_0+v_1 t)z} + 1 \right]^2}$$

$$\frac{\partial^2 \Lambda(t, z)}{\partial \alpha_0 \partial \beta_0} = \frac{t z^2 \left[\gamma_1 e^{(\omega_0+\omega_1 t)z} + 2\gamma_2 t e^{(v_0+v_1 t)z} \right]}{\left[\gamma_1 t e^{(\omega_0+\omega_1 t)z} + \gamma_2 t^2 e^{(v_0+v_1 t)z} + 1 \right]^2}$$

$$\frac{\partial^2 \Lambda(t, z)}{\partial \alpha_0 \partial \beta_1} = \frac{t^2 z^2 \left[\gamma_1 e^{(\omega_0+\omega_1 t)z} + 2\gamma_2 t e^{(v_0+v_1 t)z} \right]}{\left[\gamma_1 t e^{(\omega_0+\omega_1 t)z} + \gamma_2 t^2 e^{(v_0+v_1 t)z} + 1 \right]^2}$$

$$\frac{\partial^2 \Lambda(t, z)}{\partial \alpha_0 \partial \gamma_1} = \frac{t z e^{(\omega_0+\omega_1 t)z}}{\left[\gamma_1 t e^{(\omega_0+\omega_1 t)z} + \gamma_2 t^2 e^{(v_0+v_1 t)z} + 1 \right]^2}$$

$$\frac{\partial^2 \Lambda(t, z)}{\partial \alpha_0 \partial \gamma_2} = \frac{t^2 z e^{(v_0+v_1 t)z}}{\left[\gamma_1 t e^{(\omega_0+\omega_1 t)z} + \gamma_2 t^2 e^{(v_0+v_1 t)z} + 1 \right]^2},$$

$$\frac{\partial^2 \Lambda(t, z)}{\partial \alpha_1^2} = \frac{t^3 z^2 \left[\gamma_1 e^{(\omega_0+\omega_1 t)z} + \gamma_2 t e^{(v_0+v_1 t)z} \right]}{\left[\gamma_1 t e^{(\omega_0+\omega_1 t)z} + \gamma_2 t^2 e^{(v_0+v_1 t)z} + 1 \right]^2}$$

$$\frac{\partial^2 \Lambda(t, z)}{\partial \alpha_1 \partial \beta_0} = \frac{t^2 z^2 \left[\gamma_1 e^{(\omega_0+\omega_1 t)z} + 2\gamma_2 t e^{(v_0+v_1 t)z} \right]}{\left[\gamma_1 t e^{(\omega_0+\omega_1 t)z} + \gamma_2 t^2 e^{(v_0+v_1 t)z} + 1 \right]^2}$$

$$\frac{\partial^2 \Lambda(t, z)}{\partial \alpha_1 \partial \beta_1} = \frac{t^3 z^2 \left[\gamma_1 e^{(\omega_0+\omega_1 t)z} + 2\gamma_2 t e^{(v_0+v_1 t)z} \right]}{\left[\gamma_1 t e^{(\omega_0+\omega_1 t)z} + \gamma_2 t^2 e^{(v_0+v_1 t)z} + 1 \right]^2}$$

$$\frac{\partial^2 \Lambda(t, z)}{\partial \alpha_1 \partial \gamma_1} = \frac{t^2 z e^{(\omega_0+\omega_1 t)z}}{\left[\gamma_1 t e^{(\omega_0+\omega_1 t)z} + \gamma_2 t^2 e^{(v_0+v_1 t)z} + 1 \right]^2}$$

$$\frac{\partial^2 \Lambda(t, z)}{\partial \alpha_1 \partial \gamma_2} = \frac{t^3 z e^{(v_0 + v_1 t)z}}{\left[\gamma_1 t e^{(\omega_0 + \omega_1 t)z} + \gamma_2 t^2 e^{(v_0 + v_1 t)z} + 1 \right]^2}$$

$$\frac{\partial^2 \Lambda(t, z)}{\partial \beta_0^{\ 2}}$$

$$= \frac{t z^2 \left[\gamma_1 e^{(\omega_0 + \omega_1 t)z} + 4\gamma_2 t e^{(v_0 + v_1 t)z} + \gamma_1 e^{(\omega_0 + \omega_1 t)z} \cdot \gamma_2 t^2 e^{(v_0 + v_1 t)z} \right]}{\left[\gamma_1 t e^{(\omega_0 + \omega_1 t)z} + \gamma_2 t^2 e^{(v_0 + v_1 t)z} + 1 \right]}$$

$$\frac{\partial^2 \Lambda(t, z)}{\partial \beta_0 \partial \beta_1}$$

$$= \frac{t^2 z^2 \left[\gamma_1 e^{(\omega_0 + \omega_1 t)z} + 4\gamma_2 t e^{(v_0 + v_1 t)z} + \gamma_1 e^{(\omega_0 + \omega_1 t)z} \cdot \gamma_2 t^2 e^{(v_0 + v_1 t)z} \right]}{\left[\gamma_1 t e^{(\omega_0 + \omega_1 t)z} + \gamma_2 t^2 e^{(v_0 + v_1 t)z} + 1 \right]^2}$$

$$\frac{\partial^2 \Lambda(t, z)}{\partial \beta_0 \partial \gamma_1} = \frac{t z e^{(\omega_0 + \omega_1 t)z} \left[1 - \gamma_2 t^2 e^{(v_0 + v_1 t)z} \right]}{\left[\gamma_1 t e^{(\omega_0 + \omega_1 t)z} + \gamma_2 t^2 e^{(v_0 + v_1 t)z} + 1 \right]^2}$$

$$\frac{\partial^2 \Lambda(t, z)}{\partial \beta_0 \partial \gamma_2} = \frac{\left[t^2 z e^{(v_0 + v_1 t)z} \right] \left[\gamma_1 t e^{(\omega_0 + \omega_1 t)z} + 2 \right]}{\left[\gamma_1 t e^{(\omega_0 + \omega_1 t)z} + \gamma_2 t^2 e^{(v_0 + v_1 t)z} + 1 \right]}$$

$$\frac{\partial^2 \Lambda(t, z)}{\partial \beta_1^{\ 2}}$$

$$= \frac{t^3 z^2 \left[\gamma_1 e^{(\omega_0 + \omega_1 t)z} + 4\gamma_2 t e^{(v_0 + v_1 t)z} + \gamma_1 e^{(\omega_0 + \omega_1 t)z} \gamma_2 t^2 e^{(v_0 + v_1 t)z} \right]}{\left[\gamma_1 t e^{(\omega_0 + \omega_1 t)z} + \gamma_2 t^2 e^{(v_0 + v_1 t)z} + 1 \right]^2},$$

$$\frac{\partial^2 \Lambda(t, z)}{\partial \beta_1 \partial \gamma_1} = \frac{\left[t^2 z e^{(\omega_0 + \omega_1 t)z} \right] \left[1 - \gamma_2 t^2 e^{(v_0 + v_1 t)z} \right]}{\left[\gamma_1 t e^{(\omega_0 + \omega_1 t)z} + \gamma_2 t^2 e^{(v_0 + v_1 t)z} + 1 \right]^2}$$

$$\frac{\partial^2 \Lambda(t, z)}{\partial \beta_1 \partial \gamma_2} = \frac{\left[t^3 z e^{(v_0 + v_1 t)z} \right] \left[\gamma_1 t e^{(\omega_0 + \omega_1 t)z} + 2 \right]}{\left[\gamma_1 t e^{(\omega_0 + \omega_1 t)z} + \gamma_2 t^2 e^{(v_0 + v_1 t)z} + 1 \right]^2}$$

$$\frac{\partial^2 \Lambda(t, z)}{\partial \gamma_1^{\ 2}} = - \frac{\left[t e^{(\omega_0 + \omega_1 t)z} \right]^2}{\left[\gamma_1 t e^{(\omega_0 + \omega_1 t)z} + \gamma_2 t^2 e^{(v_0 + v_1 t)z} + 1 \right]^2}$$

$$\frac{\partial^2 \Lambda(t, z)}{\partial \gamma_1 \partial \gamma_2} = - \frac{t^3 e^{\left[(v_0 + v_1 t)z + (\omega_0 + \omega_1 t)z \right]}}{\gamma_1 t e^{(\omega_0 + \omega_1 t)z} + \gamma_2 t^2 e^{(v_0 + v_1 t)z} + 1}$$

$$\frac{\partial^2 \Lambda(t, z)}{\partial \gamma_2^{\ 2}} = - \frac{t^4 e^{2(v_0 + v_1 t)z}}{\gamma_1 t e^{(\omega_0 + \omega_1 t)z} + \gamma_2 t^2 e^{(v_0 + v_1 t)z} + 1}$$

将危险率函数 $\lambda(t, z)$ 和累积危险函数 $\Lambda(t, z)$ 关于 GPO 模型中参数 α_0，α_1，β_0，β_1，γ_1，γ_2 的一阶偏导数和二阶偏导数代入式（5.1.10）和

式 (5.1.11)，即可求得对数似然函数 l 关于 GPO 模型中的任意参数的一阶偏导数二阶偏导数。

设 F 为 GPO 模型的 Fisher 信息矩阵，则 F 为一个 6×6 对称矩阵，表示如下：

$$F = \begin{bmatrix} F_{11} & F_{12} & F_{13} & F_{14} & F_{15} & F_{16} \\ & F_{22} & F_{23} & F_{24} & F_{25} & F_{26} \\ & & F_{33} & F_{34} & F_{35} & F_{36} \\ & & & F_{44} & F_{45} & F_{46} \\ & & & & F_{55} & F_{56} \\ & & & & & F_{66} \end{bmatrix}$$

矩阵 F 中的元素为：

$$F_{11} = E\left(-\frac{\partial^2 l}{\partial \alpha_0{}^2}\right), \quad F_{12} = E\left(-\frac{\partial^2 l}{\partial \alpha_0 \partial \alpha_1}\right), \quad F_{13} = E\left(-\frac{\partial^2 l}{\partial \alpha_0 \partial \beta_0}\right), \quad F_{14} =$$

$$E\left(-\frac{\partial^2 l}{\partial \alpha_0 \partial \beta_1}\right), \quad F_{15} = E\left(-\frac{\partial^2 l}{\partial \alpha_0 \partial \gamma_1}\right), \quad F_{16} = E\left(-\frac{\partial^2 l}{\partial \alpha_0 \partial \gamma_2}\right);$$

$$F_{22} = E\left(-\frac{\partial^2 l}{\partial \alpha_1{}^2}\right), \quad F_{23} = E\left(-\frac{\partial^2 l}{\partial \alpha_1 \partial \beta_0}\right), \quad F_{24} = E\left(-\frac{\partial^2 l}{\partial \alpha_1 \partial \beta_1}\right), \quad F_{25} =$$

$$E\left(-\frac{\partial^2 l}{\partial \alpha_1 \partial \gamma_1}\right), \quad F_{26} = E\left(-\frac{\partial^2 l}{\partial \alpha_1 \partial \gamma_2}\right);$$

$$F_{33} = E\left(-\frac{\partial^2 l}{\partial \beta_0{}^2}\right), \quad F_{34} = E\left(-\frac{\partial^2 l}{\partial \beta_0 \partial \beta_1}\right), \quad F_{35} = E\left(-\frac{\partial^2 l}{\partial \beta_0 \partial \gamma_1}\right), \quad F_{36} = E\left(-\frac{\partial^2 l}{\partial \beta_0 \partial \gamma_2}\right);$$

$$F_{44} = E\left(-\frac{\partial^2 l}{\partial \beta_1{}^2}\right), \quad F_{45} = E\left(-\frac{\partial^2 l}{\partial \beta_1 \partial \gamma_1}\right), \quad F_{46} = E\left(-\frac{\partial^2 l}{\partial \beta_1 \partial \gamma_2}\right);$$

$$F_{55} = E\left(-\frac{\partial^2 l}{\partial \gamma_1{}^2}\right), \quad F_{56} = E\left(-\frac{\partial^2 l}{\partial \gamma_1 \partial \gamma_2}\right);$$

$$F_{66} = E\left(-\frac{\partial^2 l}{\partial \gamma_2{}^2}\right)$$

其中，$E(g(t)) = \int_0^\infty g(t) f(t) dt$，$g(t)$ 为负的对数似然函数 l 的二阶导数，$f(t)$ 为失效时间的概率密度函数，表达式如式 (5.1.7) 所示。在上述

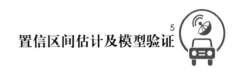

积分方程式的计算过程中，GPO 模型中的参数 α_0，α_1，β_0，β_1，γ_1，γ_2 的值用极大似然估计值代替参与计算。

5.1.2 方差—协方差矩阵及参数的置信区间估计

Fisher 信息矩阵 F 的逆矩阵 F^{-1}（易知 F^{-1} 也是一个对称矩阵），是参数 α_0，α_1，β_0，β_1，γ_1，γ_2 的极大似然估计的渐近协方差矩阵 $\sum$ [①]：

$$\sum = F^{-1} = \begin{bmatrix} \sigma_{11} & \sigma_{12} & \sigma_{13} & \sigma_{14} & \sigma_{15} & \sigma_{16} \\ & \sigma_{22} & \sigma_{23} & \sigma_{24} & \sigma_{25} & \sigma_{26} \\ & & \sigma_{33} & \sigma_{34} & \sigma_{35} & \sigma_{36} \\ & & & \sigma_{44} & \sigma_{45} & \sigma_{46} \\ & & & & \sigma_{55} & \sigma_{56} \\ & & & & & \sigma_{66} \end{bmatrix}$$

从而 GPO 模型参数 α_0，α_1，β_0，β_1，γ_1，γ_2 估计值 $\hat{\alpha}_0$，$\hat{\alpha}_1$，$\hat{\beta}_0$，$\hat{\beta}_1$，$\hat{\gamma}_1$，$\hat{\gamma}_2$ 的渐近方差为：$Var(\hat{\alpha}_0) = \sigma_{11}$，$Var(\hat{\alpha}_1) = \sigma_{22}$，$Var(\hat{\beta}_0) = \sigma_{33}$，$Var(\hat{\beta}_1) = \sigma_{44}$，$Var(\hat{\gamma}_1) = \sigma_{55}$，$Var(\hat{\gamma}_2) = \sigma_{66}$。

进而 $\hat{\alpha}_0$，$\hat{\alpha}_1$，$\hat{\beta}_0$，$\hat{\beta}_1$，$\hat{\gamma}_1$，$\hat{\gamma}_2$ 的 $1 - \alpha$ 置信区间可由下式计算而得：

$\hat{\alpha}_0$：$\hat{\alpha}_0 \pm Z_{\frac{\alpha}{2}} \sqrt{\sigma_{11}}$

$\hat{\alpha}_1$：$\hat{\alpha}_1 \pm Z_{\frac{\alpha}{2}} \sqrt{\sigma_{22}}$

$\hat{\beta}_0$：$\hat{\beta}_0 \pm Z_{\frac{\alpha}{2}} \sqrt{\sigma_{33}}$，

$\hat{\beta}_1$：$\hat{\beta}_1 \pm Z_{\frac{\alpha}{2}} \sqrt{\sigma_{44}}$

$\hat{\gamma}_1$：$\hat{\gamma}_1 \pm Z_{\frac{\alpha}{2}} \sqrt{\sigma_{55}}$

$\hat{\gamma}_2$：$\hat{\gamma}_2 \pm Z_{\frac{\alpha}{2}} \sqrt{\sigma_{66}}$

其中，$Z_{\frac{\alpha}{2}}$ 是标准正态分布的 $\frac{\alpha}{2}$ 右分位数。

---

① 计算 GPO 模型的协方差矩阵的。

5.1.3　可靠度的置信区间估计

为了计算基于 GPO 模型估计得到的可靠度的渐近方差，我们首先计算可靠度函数关于未知参数的一阶导数。

由于应力水平 z 下的可靠度函数为：

$$R(t,\ z) = \frac{1}{\theta(t,\ z)\ +\ 1} \tag{5.1.12}$$

$$= \frac{1}{\gamma_1 t e^{(\omega_0+\omega_1 t)z}\ +\ \gamma_2 t^2 e^{(v_0+v_1 t)z}\ +\ 1}$$

令 u 表示 GPO 模型中 6 个未知参数中的任意一个，则有：

$$\frac{\partial R}{\partial u} = -\frac{1}{(\theta(t,\ z)\ +\ 1)^2}\frac{\partial \theta}{\partial u} \tag{5.1.13}$$

基于 GPO 模型估计得到的可靠度的渐近方差为：

$$Var(\hat{R}(t,\ z)) = \begin{bmatrix} \dfrac{\partial R}{\partial \gamma_1} & \dfrac{\partial R}{\partial \gamma_2} & \dfrac{\partial R}{\partial \alpha_0} & \dfrac{\partial R}{\partial \alpha_1} & \dfrac{\partial R}{\partial \beta_0} & \dfrac{\partial R}{\partial \beta_1} \end{bmatrix} F^{-1} \begin{bmatrix} \dfrac{\partial R}{\partial \gamma_1} \\[2mm] \dfrac{\partial R}{\partial \gamma_2} \\[2mm] \dfrac{\partial R}{\partial \alpha_0} \\[2mm] \dfrac{\partial R}{\partial \alpha_1} \\[2mm] \dfrac{\partial R}{\partial \beta_0} \\[2mm] \dfrac{\partial R}{\partial \beta_1} \end{bmatrix}$$

$$\tag{5.1.14}$$

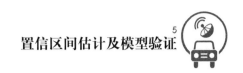

可靠度的 $1 - \alpha$ 置信区间为:

$$\left(\hat{R}(t,\ z) - Z_{\frac{\alpha}{2}}\sqrt{Var(\hat{R}(t,\ z))},\ \hat{R}(t,\ z) + Z_{\frac{\alpha}{2}}\sqrt{Var(\hat{R}(t,\ z))} \right)$$

其中, $Z_{\frac{\alpha}{2}}$ 是标准正态分布的 $\frac{\alpha}{2}$ 右分位数。

5.2　GPO 模型的有效性验证方法

下面我们介绍基于似然比检验法的 GPO 模型的有效性验证方法。

记 GPO 模型中的参数向量为 θ, 其中 $\theta = (\alpha_0,\ \alpha_1,\ \beta_0,\ \beta_1,\ \gamma_1,\ \gamma_2)$, 将 θ 分为任意两部分 $\theta = (\theta_1,\ \theta_2)$, θ_1 为 k 维向量, θ_2 为 p 维向量 $k + p = 6$。

对 GPO 模型的有效性进行检验, 原假设和备择假设可表示如下:

$H_0 : \theta_1 = \theta_1^0$

$H_1 : \theta_1 \neq \theta_1^0$

其中, θ_1^0 为预先指定的 k 维向量。

构建似然比统计量为 $\Lambda = \dfrac{L_{H_0}(\theta_1^0,\ \tilde{\theta}_2)}{L_{H_1}(\hat{\theta})}$, 其中 $\tilde{\theta}_2$ 为假设 H_0 成立的情况下, 即基于 $\theta_1 = \theta_1^0$, $6 - k$ 个未知参数的极大似然估计值; $\hat{\theta}$ 为假设 H_1 成立的情况下, 6 个参数的极大似然估计值。

由 *Wilks*(1938)所提出的似然统计量的极限分布定理可知, 在原假设 H_0 成立的情况下, 检验统计量 $X_L = -2\ln(\Lambda)$ 服从自由度为 k 的 χ^2 分布; 故对于给定的显著性水平 α, 假设 H_0 的拒绝域为 $W = \{X_L \geq \chi^2_{1-\alpha}(k)\}$。

5.3 数值模拟

5.3.1 数据的描述

本节我们采用第 3 章的失效时间数据集 I，计算该产品可靠度的置信区间。在数据集 I 中共有 300 个数据，受试产品的加速应力为温度，共有 3 个应力水平：50℃、100℃、150℃；每个应力水平下有 100 个失效数据。

5.3.2 数值模拟结果及分析

（1）置信区间估计。

在前文中，我们基于 *GPO* 模型对数据集 I 中的数据进行统计分析，从而给出了 *GPO* 模型中未知参数的估计值，见第 3 章中的表 3.3.2。使用这些参数的估计值，可以计算 *Fisher* 信息矩阵以及渐近方差—协方差矩阵，计算结果如表 5.3.1 和表 5.3.2 所示。

表 5.3.1 数据集 I 的 Fisher 信息矩阵

$$
\begin{bmatrix}
4.342723e+01 & 1.647219e+05 & 3.096738e+00 & 2.559524e+02 & 2.094537e+02 & 6.672418e+07 \\
1.647219e+05 & 1.992372e+02 & 5.827135e+03 & 4.762831e+06 & 2.927138e+06 & 1.134269e+01 \\
3.096738e+00 & 5.827135e+03 & 2.339046e+07 & 2.093768e+04 & 4.182933e+02 & 7.586941e+03 \\
2.559524e+02 & 4.762831e+06 & 2.093768e+04 & 5.3722094e-04 & 1.9970315e-01 & 3.396287e-02 \\
2.094537e+02 & 2.927138e+06 & 4.182933e+02 & 1.9970315e-01 & 3.793064e-03 & 7.289276e-01 \\
6.672418e+07 & 1.134269e+01 & 7.586941e+03 & 3.396287e-02 & 7.289276e-01 & 4.963217e+01
\end{bmatrix}
$$

表 5.3.2 数据集 I 的渐近方差—协方差矩阵

$$
\begin{bmatrix}
-5.615094e-03 & -3.427591e+01 & 4.039772e+02 & 1.0213255e-05 & 3.801246e+02 & 1.572239e-01 \\
-3.427591e+01 & 2.019425e-02 & -6.232748e+02 & -2.854093e+06 & 1.379241e-03 & 3.443572e+05 \\
4.039772e+02 & -6.232748e+02 & -2.713242e+01 & -5.665732e-02 & 3.097676e+02 & -1.315762e-04 \\
1.0213255e-05 & -2.854093e+06 & -5.665732e-02 & 4.335746e-03 & -1.356214e-02 & 7.952147e-02 \\
3.801246e+02 & 1.379241e-03 & 3.097676e+02 & -1.356214e-02 & 5.227355e+00 & 4.495328e-03 \\
1.572239e-01 & 3.443572e+05 & -1.315762e-04 & 7.952147e-03 & 4.495328e-03 & -1.174693e+01
\end{bmatrix}
$$

在计算完方差—协方差矩阵之后，可以利用它来估计 t 时刻的可靠度 $R(t)$ 的标准差以及其 95% 的置信区间。

在第 4 章中，我们随机生成了 30 个截尾数据集，并利用 GPO 模型进行可靠度估计，由此可以计算 $R(t)$ 在 t 时刻的标准差及中值。根据大数定律，在数据集足够大的情况下，该标准差和中值接近真实可靠度的标准差和中值。在此，我们将基于 30 个数据集估计得到的可靠度的标准差作为真值，与本小节基于渐近方差—协方差矩阵计算得到的可靠度的标准差进行比较，比较方法如下：

分别在应力水平 $z = 1/323.16K$，$z = 1/373.16K$，$z = 1/423.16K$ 下，随着一个单位的增量，基于渐近方差—协方差矩阵计算时间 t 从 0 到 100 的可靠度估计的标准差，以及真实可靠度的标准差；再接着计算这些标准差的绝对值；最后基于这 100 个绝对值的均值、中值与最大值进行比较，比较结果如表 5.3.3 所示。

表 5.3.3　各应力水平下标准差的比较结果

	$z = 1/323.16K$	$z = 1/373.16K$	$z = 1/423.16K$
均值（Δ_i）	0.0023595	0.0003927	0.00403752
中值（Δ_i）	0.0050510	0.0020729	0.00217154
极大值（Δ_i）	0.00827015	0.00543091	0.00772449

注：$\Delta_i = |\sigma_1(\hat{R}(t_i)) - \sigma_2(\tilde{R}(t_i))|$，$t_i = 0, 1, \cdots, 100$；

$\sigma_1(\hat{R}(t_i))$：基于 25 个数据集得到的可靠度估计 $\hat{R}(t_i)$ 的标准差；

$\sigma_2(\tilde{R}(t_i))$：利用渐近方差—协方差矩阵计算得到的可靠度估计 $\tilde{R}(t_i)$ 的标准差。

各应力水平下，将基于渐近方差—协方差矩阵计算得到的可靠度估计的 95% 的置信区间与真实的可靠度的 95% 的置信区间进行对比，对比结果如图 5.3.1~图 5.3.3 所示。

由表 5.3.1 及图 5.3.1~图 5.3.3 的对比结果可以看出，利用渐近方差—协方差矩阵计算得到的可靠度估计值与可靠度的真值十分接近，这说明我们本章所提出的计算可靠度估计的标准差和置信区间的方法是可行的。

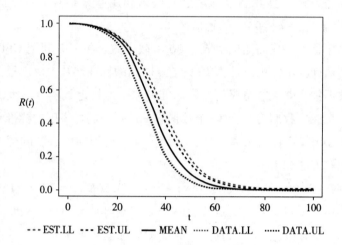

--- EST.LL --- EST.UL —— MEAN ······ DATA.LL ······ DATA.UL

图 5.3.1 应力水平 $z = 1/323.16K$ 时可靠度估计的置信区间

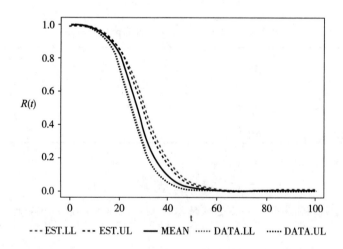

--- EST.LL --- EST.UL —— MEAN ······ DATA.LL ······ DATA.UL

图 5.3.2 应力水平 $z = 1/373.16K$ 时可靠度估计的置信区间

（2）模型的验证。

Zhang（2007）研究了 PO 模型在加速寿命试验统计分析中的应用，作为其扩展模型，我们在本书中提出了 GPO 模型。因此，我们在此给出一个假设检验，以验证本书所提出的模型的必要性。

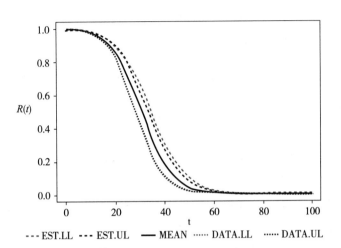

图 5.3.3　应力水平 $z = 1/423.16K$ 时可靠度估计的置信区间

这里继续使用第 3 章所生成的数据集 I 。

假设检验如下：

$$H_0:\ \alpha_0 = \alpha_1 = \beta_1 = 0\ ;\ H_1:\ \alpha_0,\ \alpha_1,\ \beta_1\ 不同时为\ 0$$

假设 H_0 成立的情况下，我们将数据集 I 基于如下加速模型（PO 模型）进行统计分析：

$$\theta(t,\ z) = \theta_0(t)\cdot e^{\beta_0 z} \tag{5.3.1}$$

假设 H_1 成立的情况下，我们将数据集 I 基于如下加速模型（GPO 模型）进行统计分析：

$$\theta(t,\ z) = \theta_0(e^{(\alpha_0 + \alpha_1 t)z} t)\cdot e^{(\beta_0 + \beta_1 t)z} \tag{5.3.2}$$

分别基于无截尾数据集和 5% 、10% 、15% 的截尾数据集，进行估计，估计结果见第 4 章的表 4.3.1 和表 4.3.2，根据估计结果可知：

（1）在无截尾情况下，似然比检验统计量为：

$$X_L = -2\ln(\Lambda) = -2[1653.906137 - 1782.691325] = 257.57 \tag{5.3.3}$$

（2）在 5% 的截尾情况下，似然比检验统计量为：

$$X_L = -2\ln(\Lambda) = -2[1652.997045 - 1765.332490] = 224.67 \tag{5.3.4}$$

（3）在 10% 的截尾情况下，似然比检验统计量为：

$$X_L = -2\ln(\Lambda) = -2[1647.795504 - 1744.215765] = 192.84$$

$$(5.3.5)$$

（4）在 15% 的截尾情况下，似然比检验统计量为：

$$X_L = -2\ln(\Lambda) = -2[1631.917425 - 1739.875694] = 215.92$$

$$(5.3.6)$$

由本章 5.2 小节给出的检验方法可知，在原假设 H_0 成立的情况下，检验统计量 X_L 服从自由度为 3 的 χ^2 分布；且对于给定的显著性水平 α，假设 H_0 的拒绝域为 $W = \{X_L \geqslant \chi^2_{1-\alpha}(3)\}$。查表可知，当 $\alpha = 0.05$ 时，$\chi^2_{1-\alpha}(3) = 7.81$；当 $\alpha = 0.1$ 时，$\chi^2_{1-\alpha}(3) = 6.25$。

由式（5.3.3）~式（5.3.6）可知，在无截尾情况下及 5%、10%、15% 的截尾下，均拒绝原假设 H_0，因此可认为基于 GPO 模型对该数据集进行统计分析是恰当的。

5.4　本章小结

我们在第 4 章给出了基于 GPO 模型的加速寿命试验统计分析方法，并利用此方法给出了正常应力水平下产品的可靠性的点估计。但是，在实际的可靠工程中，高可靠产品的可靠性均值的置信区间估计区间估计往往更加受到关注。本章通过构造一个与模型参数相关的统计量，根据该统计量的分布来计算可靠性特征值的置信区间估计。首先建立 GPO 模型的 Fisher 信息矩阵，通过 Fisher 信息矩阵，计算出了 GPO 模型参数的渐近方差—协方差矩阵，从而给出了模型参数评估值的置信区间，进而给出了产品可靠度估计的置信区间。

此外，本章基于似然比统计量建立了验证 GPO 模型有效性的方法。

最后，数值模拟结果表明，我们在本章所提出的方法可以提供准确的可靠度估计的置信区间。

❻

基于 GPO 模型的加速寿命
试验优化设计

在通常情况下，当产品所承受的应力水平超过某个限度后，其失效机理会发生改变，因此在进行加速寿命试验的过程中，对产品施加的应力水平要有一个限度。为确保产品失效机理不变的情况下，尽可能地缩短试验时间，通常采用同时施加多种应力的方法，即多重应力加速寿命试验。本章研究基于广义比例优势模型（Generalized Proportional Odds Model，简称 GPO 模型）的多重应力加速寿命试验的设计方法，分别在恒定应力和步进应力两种应力加载方式下给出优化设计方案。

6.1 基于 GPO 模型的多重恒定应力加速
寿命试验设计

6.1.1 基本假设

首先，我们给出基于 GPO 模型的多重恒定应力加速寿命试验的基本假设如下：

假设 1：该试验共有 k 种加速应力作用于受试产品，记为 $z = (z_1, \cdots, z_k)$，且每种应力有 3 个水平。

假设 2：产品正常使用应力水平下的优势函数与加速应力水平 $z = (z_1, \cdots, z_k)$ 下的优势函数服从如下 GPO 模型：

$$\theta(t, z) = \theta_0 \left[te^{(\alpha_0 + \alpha_1 t)z^T} \right] e^{(\beta_0 + \beta_1 t)z^T} \qquad (6.1.1)$$

其中，$\alpha_0 = (\alpha_{01}, \cdots, \alpha_{0k})$，$\alpha_1 = (\alpha_{11}, \cdots, \alpha_{1k})$；$\beta_0 = (\beta_{01}, \cdots, \beta_{0k})$，$\beta_1 = (\beta_{11}, \cdots, \beta_{1k})$ 为未知参数。

假设 3：该产品的基准优势函数 $\theta_0(t)$ 为二次函数：

$$\theta_0(t) = \gamma_1 t + \gamma_2 t^2 \qquad (6.1.2)$$

其中，γ_1，γ_2 为未知参数。

假设 4：由假设 1 可知应力水平组合共有 3^k 种。当 $k = 2$，即施加两种应力时，应力水平组合情况如图 6.1.1 所示。其中应力水平上限 z_{Upper} 为预先指定的，一般我们选取不改变产品的失效机理的最高应力水平，而应力水平下限选取为产品的设计使用应力水平 z_D。

假设 5：共有 n 个产品参加试验，在第一种应力的第 i_1 个水平、第二种应力的第 i_2 个水平、……、第 k 种应力的第 i_k 个水平下，投放应试产品的比例为 $p_{i_0 i_1, \cdots, i_k}$，其中，$i_j = 0, 1, 2, j = 1, 2, \cdots, k$；此处 0，1，2 水平分别代表 L，M，H 水平，如图 6.1.1 所示。

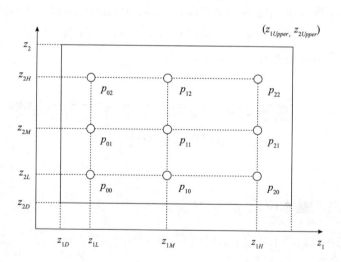

图 6.1.1　两种应力、每种应力有 3 个应力水平的加速寿命试验设计

假设 6：预先指定截尾时间 τ，至 τ 时，终止试验。

由以上假设可知，应力水平 (z_{1L}, z_{1M}, z_{1H})，(z_{2L}, z_{2M}, z_{2H})，……，(z_{kL}, z_{kM}, z_{kH}) 为协变量，共有 3^k 个应力组合，每个组合下投放的受试产

品的比例分别为 $p_{i_1 i_2, \cdots, i_k}$，其中 $i_j = 0, 1, 2, j = 1, 2, \cdots, k$。

尽管图 6.1.1 所示应力水平和试验单位的这种因子排列并不一定是统计最优的，但这种试验安排是来自于可靠性工程的实践。这是因为具有相同测试点数的任何其他安排将导致每个类型的应力有更多的压力水平组合，而这种试验安排可以使可靠性工程以有效的方式同时利用各种可用的设备进行整个测试，从而节约大量试验时间和成本。此外，在测试数据收集之后，这种试验安排可以测试不同种应力间的交互作用。

6.1.2 极大似然函数

由 GPO 模型定义，可知在任意应力组合 $z = (z_1, z_2, \cdots, z_k)^T$ 下，产品的优势函数表达式为：

$$\theta(t, z) = e^{(\alpha_0 + \alpha_1 t)z} \theta_0 \left[te^{(\beta_0 + \beta_1 t)z} \right]$$

$$= e^{(\alpha_{01} + \alpha_{11} t)z_1 + (\alpha_{02} + \alpha_{12} t)z_2 + \cdots + (\alpha_{0k} + \alpha_{1k} t)z_k} \cdot$$

$$\left[\gamma_1 te^{(\beta_{01} + \beta_{11} t)z_1 + \cdots + (\beta_{0k} + \beta_{1k} t)z_k} + \gamma_2 t^2 e^{2[(\beta_{01} + \beta_{11} t)z_1 + \cdots + (\beta_{0k} + \beta_{1k} t)z_k]} \right]$$

$$(6.1.3)$$

从而相应的危险率函数 $\lambda(t, z)$、累计危险率函数 $\Lambda(t, z)$、可靠度函数 $R(t, z)$ 及概率密度函数 $f(t, z)$ 如下：

$$\lambda(t, z) = \frac{\theta'(t, z)}{\theta(t, z) + 1}$$

$$= \frac{\theta(t, z)\alpha_1 z + \left[1 + \beta_1 tz \right] e^{(\alpha_0 + \alpha_1 t)z} \left[\gamma_1 e^{(\beta_0 + \beta_1 t)z} + 2\gamma_2 te^{2(\beta_0 + \beta_1 t)z} \right]}{1 + e^{(\alpha_0 + \alpha_1 t)z} \left[\gamma_1 te^{(\beta_0 + \beta_1 t)z} + \gamma_2 t^2 e^{2(\beta_0 + \beta_1 t)z} \right]}$$

$$(6.1.4)$$

$$\Lambda(t, z) = \ln \left[\theta(t, z) + 1 \right] \tag{6.1.5}$$

$$= \ln \left[1 + e^{(\alpha_0 + \alpha_1 t)z} (\gamma_1 te^{(\beta_0 + \beta_1 t)z} + \gamma_2 t^2 e^{2(\beta_0 + \beta_1 t)z}) \right]$$

$$R(t, z) = \frac{1}{\theta(t, z) + 1} \tag{6.1.6}$$

$$= \frac{1}{1 + e^{(\alpha_0 + \alpha_1 t)z} \left[\gamma_1 te^{(\beta_0 + \beta_1 t)z} + \gamma_2 t^2 e^{2(\beta_0 + \beta_1 t)z} \right]}$$

$$f(t, z) = \frac{\theta'(t, z)}{[\theta(t, z) + 1]^2}$$

$$= \frac{\theta(t, z)\alpha_1 z + [1 + \beta_1 tz]e^{(\alpha_0+\alpha_1 t)z}[\gamma_1 e^{(\beta_0+\beta_1 t)z} + 2\gamma_2 te^{2(\beta_0+\beta_1 t)z}]}{[1 + e^{(\alpha_0+\alpha_1 t)z}(\gamma_1 te^{(\beta_0+\beta_1 t)z} + \gamma_2 t^2 e^{2(\beta_0+\beta_1 t)z})]^2}$$

$$(6.1.7)$$

设 t_i 表示第 i 个受试产品的失效时间，$i = 1, 2, \cdots, n$，$z_i = (z_{1i}, z_{2i}, \cdots, z_{ki})^T$ 表示该受试产品的应力向量，I_i 为示性函数，定义为：

$$I_i = \begin{cases} 1 & t_i \leqslant \tau \\ 0 & t_i > \tau \end{cases}$$

则基于 GPO 模型的该受试产品的对数似然函数为：

$$l_i = I_i \ln[\lambda(t_i, z_i)] - \Lambda(t_i, z_i) \qquad (6.1.8)$$

将危险率函数的表达式（6.1.4）及累积危险率函数的表达式（6.1.5）代入（6.1.8），可得：

$$l_i = I_i \ln\{\alpha_1 z_i e^{(\alpha_0+\alpha_1 t_i)z_i}[\gamma_1 t_i e^{(\beta_0+\beta_1 t_i)z_i} + \gamma_2 t_i{}^2 e^{2(\beta_0+\beta_1 t_i)z_i}] +$$

$$[1 + \beta_1 t_i z_i]e^{(\alpha_0+\alpha_1 t_i)z_i}[\gamma_1 e^{(\beta_0+\beta_1 t_i)z_i} + 2\gamma_2 t_i e^{2(\beta_0+\beta_1 t_i)z_i}]\} -$$

$$(I_i + 1)\ln\{1 + e^{(\alpha_0+\alpha_1 t_i)z_i}[\gamma_1 t_i e^{(\beta_0+\beta_1 t_i)z_i} + \gamma_2 t_i{}^2 e^{2(\beta_0+\beta_1 t_i)z_i}]\}$$

$$(6.1.9)$$

那么，整个失效数据的对数似然函数为：

$$l = l_1 + l_2 + \cdots + l_n \qquad (6.1.10)$$

6.1.3 Fisher 信息矩阵及协方差矩阵

对 l 关于 $\alpha_0 = (\alpha_{01}, \cdots, \alpha_{0k})$，$\alpha_1 = (\alpha_{11}, \cdots, \alpha_{1k})$，$\beta_0 = (\beta_{01}, \cdots, \beta_{0k})$，$\beta_1 = (\beta_{11}, \cdots, \beta_{1k})$ 及 γ_1, γ_2 中任意参数 u 求偏导，可得：

$$\frac{\partial l}{\partial u} = \frac{\partial[\sum_{i=1}^{n} I_i \ln\lambda(t_i, z) - \sum_{i=1}^{n} \Lambda(t_i, z)]}{\partial u} \qquad (6.1.11)$$

$$= \sum_{i=1}^{n} I_i \frac{1}{\lambda(t_i, z)} \frac{\partial[\lambda(t_i, z)]}{\partial u} - \sum_{i=1}^{n} \frac{\partial \Lambda(t_i, z)}{\partial u}$$

在理论上，令式（6.1.11）等于 0，将得到联立方程组，求解此方程组可得 $\alpha_0 = (\alpha_{01}, \cdots, \alpha_{0k})$，$\alpha_1 = (\alpha_{11}, \cdots, \alpha_{1k})$，$\beta_0 = (\beta_{01}, \cdots, \beta_{0k})$，$\beta_1 = (\beta_{11}, \cdots, \beta_{1k})$ 及 γ_1，γ_2 的估计值。

在只考虑 γ_1 和 γ_2 的相关性的情况下，对任意一组观测值 (t, I, z)，设 F 是其 Fisher 信息矩阵，则 F 为一个对称矩阵，可表示如下：

$$F = \begin{bmatrix} F_{11} & \cdots & 0 & 0 & \cdots & 0 & 0 & \cdots & 0 & \cdots & 0 & 0 & 0 \\ \vdots & \ddots & \vdots & \vdots & & \vdots & \vdots & & \vdots & \cdots & \vdots & \vdots & 0 \\ 0 & \cdots & F_{kk} & 0 & \cdots & 0 & 0 & & 0 & & 0 & 0 & 0 \\ 0 & \cdots & 0 & F_{k+1,\,k+1} & \cdots & 0 & 0 & & 0 & & 0 & 0 & 0 \\ \vdots & \cdots & \vdots & \vdots & \ddots & \vdots & \vdots & & \vdots & & \vdots & \vdots & 0 \\ 0 & 0 & 0 & & \cdots & F_{2k,\,2k} & 0 & & 0 & & 0 & 0 & 0 \\ 0 & 0 & 0 & \cdots & 0 & & F_{2k+1,\,2k+1} & 0 & 0 & & 0 & 0 & 0 \\ \vdots & & \vdots & & & \vdots & & \ddots & \vdots & & \vdots & \vdots & \vdots \\ 0 & 0 & 0 & & 0 & & & \cdots & F_{3k,\,3k} & & 0 & 0 & 0 \\ 0 & 0 & 0 & & 0 & & 0 & & F_{3k+1,\,3k+1} & & 0 & 0 & 0 \\ \vdots & & \vdots & & \vdots & & \vdots & & \vdots & \ddots & \vdots & \vdots & \vdots \\ 0 & 0 & 0 & & 0 & & 0 & & 0 & \cdots & F_{4k,\,4k} & 0 & 0 \\ 0 & 0 & 0 & & 0 & & 0 & & 0 & \cdots & 0 & F_{4k+1,\,4k+1} & F_{4k+1,\,4k+2} \\ 0 & \cdots & 0 & 0 & \cdots & 0 & 0 & & 0 & \cdots & 0 & F_{4k+2,\,4k+1} & F_{4k+2,\,4k+2} \end{bmatrix}$$

矩阵 F 中的元素为：

$$F_{11} = E\left(-\frac{\partial^2 l}{\partial \alpha_{01}{}^2}\right) = \int_0^\tau -\frac{\partial^2 l}{\partial \alpha_{01}{}^2} f(t, z)\,dt,$$

$$\vdots$$

$$F_{kk} = E\left(-\frac{\partial^2 l}{\partial \alpha_{0k}{}^2}\right) = \int_0^\tau -\frac{\partial^2 l}{\partial \alpha_{0k}{}^2} f(t, z)\,dt,$$

$$F_{k+1,\,k+1} = E\left(-\frac{\partial^2 l}{\partial \alpha_{11}{}^2}\right) = \int_0^\tau -\frac{\partial^2 l}{\partial \alpha_{11}{}^2} f(t, z)\,dt$$

$$\vdots$$

$$F_{2k,\,2k} = E\left(-\frac{\partial^2 l}{\partial \alpha_{1k}{}^2}\right) = \int_0^\tau -\frac{\partial^2 l}{\partial \alpha_{1k}{}^2} f(t,\,z)\,dt,$$

$$F_{2k+1,\,2k+1} = E\left(-\frac{\partial^2 l}{\partial \beta_{01}{}^2}\right) = \int_0^\tau -\frac{\partial^2 l}{\partial \beta_{01}{}^2} f(t,\,z)\,dt$$

$$\vdots$$

$$F_{3k,\,3k} = E\left(-\frac{\partial^2 l}{\partial \beta_{0k}{}^2}\right) = \int_0^\tau -\frac{\partial^2 l}{\partial \beta_{0k}{}^2} f(t,\,z)\,dt,$$

$$F_{3k+1,\,3k+1} = E\left(-\frac{\partial^2 l}{\partial \beta_{11}{}^2}\right) = \int_0^\tau -\frac{\partial^2 l}{\partial \beta_{11}{}^2} f(t,\,z)\,dt$$

$$\vdots$$

$$F_{4k,\,4k} = E\left(-\frac{\partial^2 l}{\partial \beta_{1k}{}^2}\right) = \int_0^\tau -\frac{\partial^2 l}{\partial \beta_{1k}{}^2} f(t,\,z)\,dt,$$

$$F_{4k+1,\,4k+1} = E\left(-\frac{\partial^2 l}{\partial \gamma_1{}^2}\right) = \int_0^\tau -\frac{\partial^2 l}{\partial \gamma_1{}^2} f(t,\,z)\,dt,$$

$$F_{4k+1,\,4k+2} = E\left(-\frac{\partial^2 l}{\partial \gamma_1 \partial \gamma_2}\right) = \int_0^\tau -\frac{\partial^2 l}{\partial \gamma_1 \partial \gamma_2} f(t,\,z)\,dt,$$

$$F_{4k+2,\,4k+1} = E\left(-\frac{\partial^2 l}{\partial \gamma_2 \partial \gamma_1}\right) = \int_0^\tau -\frac{\partial^2 l}{\partial \gamma_2 \partial \gamma_1} f(t,\,z)\,dt,$$

$$F_{4k+2,\,4k+2} = E\left(-\frac{\partial^2 l}{\partial \gamma_2{}^2}\right) = \int_0^\tau -\frac{\partial^2 l}{\partial \gamma_2{}^2} f(t,\,z)\,dt$$

从而可得参数 $\alpha_0 = (\alpha_{01},\,\cdots,\,\alpha_{0k})$, $\alpha_1 = (\alpha_{11},\,\cdots,\,\alpha_{1k})$, $\beta_0 = (\beta_{01},\,\cdots,\,\beta_{0k})$, $\beta_1 = (\beta_{11},\,\cdots,\,\beta_{1k})$ 及 γ_1, γ_2 的极大似然估计 $\hat{\alpha}_0 = (\hat{\alpha}_{01},\,\cdots,\,\hat{\alpha}_{0k})$, $\hat{\alpha}_1 = (\hat{\alpha}_{11},\,\cdots,\,\hat{\alpha}_{1k})$, $\hat{\beta}_0 = (\hat{\beta}_{01},\,\cdots,\,\hat{\beta}_{0k})$, $\hat{\beta}_1 = (\hat{\beta}_{11},\,\cdots,\,\hat{\beta}_{1k})$ 及 $\hat{\gamma}_1$, $\hat{\gamma}_2$ 的渐近协方差矩阵 $\sum$, $\sum$ 是 Fisher 信息矩阵 F 的逆矩阵 F^{-1}（易知 F^{-1} 也是一个对称矩阵）：

$$\Sigma =$$

$$
\begin{bmatrix}
\sigma_{11} & \cdots & 0 & 0 & \cdots & 0 & 0 & \cdots & 0 & 0 & \cdots & 0 & 0 & 0 \\
\vdots & \ddots & \vdots & \vdots & \cdots & \vdots & \vdots & \cdots & \vdots & \vdots & \cdots & \vdots & \vdots & 0 \\
0 & \cdots & \sigma_{kk} & 0 & \cdots & 0 & 0 & \cdots & 0 & 0 & \cdots & 0 & 0 & 0 \\
0 & \cdots & 0 & \sigma_{k+1,\,k+1} & \cdots & 0 & 0 & \cdots & 0 & 0 & \cdots & 0 & 0 & 0 \\
\vdots & \cdots & \vdots & \vdots & \ddots & \vdots & \vdots & \cdots & \vdots & \vdots & \cdots & \vdots & \vdots & 0 \\
0 & \cdots & 0 & 0 & \cdots & \sigma_{2k,\,2k} & 0 & \cdots & 0 & 0 & \cdots & 0 & 0 & 0 \\
0 & \cdots & 0 & 0 & \cdots & 0 & \sigma_{2k+1,\,2k+1} & \cdots & 0 & 0 & \cdots & 0 & 0 & 0 \\
\vdots & \cdots & \vdots & \vdots & \cdots & \vdots & \vdots & \ddots & \vdots & \vdots & \cdots & \vdots & \vdots & 0 \\
0 & \cdots & 0 & 0 & \cdots & 0 & 0 & \cdots & \sigma_{3k,\,3k} & 0 & \cdots & 0 & 0 & 0 \\
0 & \cdots & 0 & 0 & \cdots & 0 & 0 & \cdots & 0 & \sigma_{3k+1,\,3k+1} & \cdots & 0 & 0 & 0 \\
\vdots & \cdots & \vdots & \vdots & \cdots & \vdots & \vdots & \cdots & \vdots & \vdots & \ddots & \vdots & \vdots & 0 \\
0 & \cdots & 0 & 0 & \cdots & 0 & 0 & \cdots & 0 & 0 & \cdots & \sigma_{4k,\,4k} & 0 & 0 \\
0 & \cdots & 0 & 0 & \cdots & 0 & 0 & \cdots & 0 & 0 & \cdots & 0 & \sigma_{4k+1,\,4k+1} & \sigma_{4k+1,\,4k+2} \\
0 & \cdots & 0 & 0 & \cdots & 0 & 0 & \cdots & 0 & 0 & \cdots & 0 & \sigma_{4k+2,\,4k+1} & \sigma_{4k+2,\,4k+2}
\end{bmatrix}
$$

$$= F^{-1}$$

其中：

$$\sigma_{11} = \mathrm{var}(\hat{\alpha}_{01}) , \quad \cdots, \quad \sigma_{kk} = \mathrm{var}(\hat{\alpha}_{0k}) ,$$

$$\sigma_{k+1,\,k+1} = \mathrm{var}(\hat{\alpha}_{11}) , \quad \cdots, \quad \sigma_{2k,\,2k} = \mathrm{var}(\hat{\alpha}_{1k}) ,$$

$$\sigma_{2k+1,\,2k+1} = \mathrm{var}(\hat{\beta}_{01}) , \quad \cdots, \quad \sigma_{3k,\,3k} = \mathrm{var}(\hat{\beta}_{0k}) ,$$

$$\sigma_{3k+1,\,3k+1} = \mathrm{var}(\hat{\beta}_{11}) , \quad \cdots, \quad \sigma_{4k,\,4k} = \mathrm{var}(\hat{\beta}_{1k}) ,$$

$$\sigma_{4k+1,\,4k+1} = \mathrm{var}(\hat{\gamma}_1) , \quad \sigma_{4k+1,\,4k+2} = \mathrm{cov}(\hat{\gamma}_1,\,\hat{\gamma}_2) ,$$

$$\sigma_{4k+2,\,4k+1} = \mathrm{cov}(\hat{\gamma}_2,\,\hat{\gamma}_1) , \quad \sigma_{4k+2,\,4k+2} = \mathrm{var}(\hat{\gamma}_2)$$

在标准正则条件下，基于失效时间数据计算得到的极大似然估计 $\hat{\alpha}_0 =$ $(\hat{\alpha}_{01}, \cdots, \hat{\alpha}_{0k})$，$\hat{\alpha}_1 = (\hat{\alpha}_{11}, \cdots, \hat{\alpha}_{1k})$，$\hat{\beta}_0 = (\hat{\beta}_{01}, \cdots, \hat{\beta}_{0k})$，$\hat{\beta}_1 = (\hat{\beta}_{11}, \cdots,$

$\hat{\beta}_{1k}$)，$\hat{\gamma}_1$，$\hat{\gamma}_2$ 服从均值为 $\alpha_0 = (\alpha_{01}, \cdots, \alpha_{0k})$，$\alpha_1 = (\alpha_{11}, \cdots, \alpha_{1k})$，$\beta_0 = (\beta_{01}, \cdots, \beta_{0k})$，$\beta_1 = (\beta_{11}, \cdots, \beta_{1k})$，$\gamma_1$，$\gamma_2$ 及方差—协方差矩阵为 $\sum$ 的渐进正态分布。而协方差矩阵 $\sum$ 取决于所选择的回归模型、加速寿命试验设计的方案及模型参数。因此，在基于 GPO 模型进行加速寿命试验优化设计时，如果已经得到了 $\alpha_0 = (\alpha_{01}, \cdots, \alpha_{0k})$，$\alpha_1 = (\alpha_{11}, \cdots, \alpha_{1k})$，$\beta_0 = (\beta_{01}, \cdots, \beta_{0k})$，$\beta_1 = (\beta_{11}, \cdots, \beta_{1k})$，$\gamma_1$，$\gamma_2$ 的初始估计值，则可以依据这些值直接计算协方差矩阵 $\sum$ 。

6.1.4　优化准则

加速寿命试验设计的优化准则取决于加速寿命试验的目的，一般来说，这些优化准则包括：

其一，设计应力条件下，失效时间分布的百分位估计的方差。

其二，在一段预先指定的时间内，设计应力条件下可靠度估计的方差，或者危险率估计的方差。

其三，在一定应力范围内，可靠度估计的方差，或者危险率估计的方差。

其四，某个参数的估计的方差。

本节我们选择"在一段预先指定的时间 T 内，设计应力条件下可靠度估计的方差最小"作为优化准则，即最小化 $\int_0^T Var[\hat{R}(t, Z_D)]dt$ 。

由 Delta 算法，设计应力条件下可靠度估计的方差为 $Var[\hat{R}(t, Z_D)]$ 计算方法为：

$$Var(\hat{R}(t, z_D)) =$$

$$\left[\frac{\partial R(t)}{\partial \alpha_0} \quad \frac{\partial R(t)}{\partial \alpha_1} \quad \frac{\partial R(t)}{\partial \beta_0} \quad \frac{\partial R(t)}{\partial \beta_1} \quad \frac{\partial R(t)}{\partial \gamma_1} \quad \frac{\partial R(t)}{\partial \gamma_2}\right] F^{-1} \times$$

$$\left[\frac{\partial R(t)}{\partial \alpha_0} \quad \frac{\partial R(t)}{\partial \alpha_1} \quad \frac{\partial R(t)}{\partial \beta_0} \quad \frac{\partial R(t)}{\partial \beta_1} \quad \frac{\partial R(t)}{\partial \gamma_1} \quad \frac{\partial R(t)}{\partial \gamma_2}\right]^T \Big|$$

$$(\alpha_0, \alpha_1, \beta_0, \beta_1, \gamma_1, \gamma_2) = (\hat{\alpha}_0, \hat{\alpha}_1, \hat{\beta}_0, \hat{\beta}_1, \hat{\gamma}_1, \hat{\gamma}_2)$$

其中，$\alpha_0 = (\alpha_{01}, \cdots, \alpha_{0k})$，$\alpha_1 = (\alpha_{11}, \cdots, \alpha_{1k})\beta_0 = (\beta_{01}, \cdots, \beta_{0k})$，$\beta_1 = (\beta_{11}, \cdots, \beta_{1k})$。

不失一般性，这里我们假设 $k = 2$，即有两种应力施加于产品。由于预先指定受试产品为 n 个、试验截尾时间为 τ 以及任意应力组合下的最小失效产品数目，该加速寿命试验设计的目的是最优化安排 (z_{1L}, z_{1M}, z_{1H})，(z_{2L}, z_{2M}, z_{2H}) 的应力水平组合及各个应力水平组合下投放受试产品的比例 p_{00}，p_{01}，p_{02}，p_{10}，p_{11}，p_{12}，p_{20}，p_{21}，p_{22}，从而减小模型参数的估计误差，进而使得在一段预先指定的时间 T 内，设计应力条件下可靠度的估计的方差最小化。

最优化因变量 (z_{1L}, z_{1M}, z_{1H})，(z_{2L}, z_{2M}, z_{2H}) 可由求解下列非线性最优问题而得：

目标函数为最小化 $f(x) = \int_0^T Var[\hat{R}(t, Z_D)] dt$

约束条件 $0 < p_{i_1 i_2} < 1$，$i_1, i_2 = 0, 1, 2$

$$\sum p_{i_1 i_2} = 1, \quad i_1, i_2 = 0, 1, 2$$

$$z_{1D} \leqslant z_{1L} \leqslant z_{1M} \leqslant z_{1H}$$

$$z_{2D} \leqslant z_{2L} \leqslant z_{2M} \leqslant z_{2H}$$

$$np_{i_1 i_2}[1 - R(\tau | z_{1i_1}, z_{2i_2})] \geqslant MNF, \quad i_1, i_2 = 0, 1, 2$$

$$\sum = F^{-1}$$

其中，$x = (z_{1L}, z_{1M}, z_{1H}, z_{2L}, z_{2M}, z_{2H}, p_{00}, p_{01}, p_{02}, p_{10}, p_{11}, p_{12}, p_{20}, p_{21}, p_{22})$，$MNF$（Minimum Number of Failures）为预先指定的最小化失效数目。

6.1.5 优化算法

上节我们提到的非线性最优化问题的目标函数为一个非线性函数，且具有非线性约束条件及多元因变量。由于目标函数非常复杂，我们使用一种多变量约束搜索方法来解决此优化问题，该方法基于 Powell（1992）提出的线性近似约束优化（COBYLA）算法。

COBYLA 算法是一种序贯搜索技术，已被证明可以有效地解决非线性目标函数受到非线性约束、线性约束以及边界约束的优化问题。在此，我们用下面的约束多变量非线性问题公式来说明该算法。

$$\left.\begin{array}{ll} \text{Min} & f(x), & x \in R^n \\ \text{Subject to} & c_i(x) \geq 0, & i = 1, 2, \cdots, m \end{array}\right\} \quad (6.1.12)$$

COBYLA 算法是在 Nelder 和 Mead（1965）提出的算法的基础上，进行改进而提出的；它的主要思想是由 R^n 中一个非退化单极点 $\{x^j: j = 0, 1, \cdots, n\}$ 处的函数值生成下一个变量矢量。在这种情况下，可以用一些独特的线性函数 $\hat{f}$ 和 $\{\hat{c}_i: i = 0, 1, \cdots, m\}$，对极点处的非线性目标函数 f 和非线性约束 $\{c_i: i = 0, 1, \cdots, m\}$ 进行插值。我们通过下列线性规划问题来近似计算式（6.1.12）：

$$\left.\begin{array}{ll} \text{Min} & \hat{f}(x), & x \in R^n \\ \text{Subject to} & \hat{c}_i(x) \geq 0, & i = 1, 2, \cdots, m \end{array}\right\} \quad (6.1.13)$$

被改变的变量受一个信任域的限制，这使得用户可以在一定程度上控制自动发生的步骤，并在线性规划问题式（6.1.13）没有有限解时，能给出反馈。信任域半径 ρ 保持不变，直到预测的改进目标函数和可行性条件不再成立；然后信赖区半径减小，直到达到使用者设定的一个终值。该 COBYLA 算法采用式（6.1.14）形式的优化函数：以便和其他两个不同的变量矢量的拟合优度进行比较。这里 μ 是一个可自动调整的参数，于是存在某些可行的 x，使得 $\Phi(x) = f(x)$ 成立；当且仅当 $\Phi(x) < \Phi(y)$ 时，我们称 $x \in \boldsymbol{R}^n$ 优于 $y \in \boldsymbol{R}^n$。

$$\Phi(x) = f(x) + \mu \max\{\max\{-c_i(x): i = 1, 2, \cdots, m\}, 0\}$$

$$(6.1.14)$$

COBYLA 算法的详细步骤如图（6.1.2)[①] 所示。

首先考虑生成 x^*，变量向量 x^* 是由求解线性规划问题式（6.1.13）而生成的，若求解而得的 x^* 不在信任域内，则通过最小化违反约束的 $\{-\hat{c}_i: i = 0, 1, \cdots, m\}$，使之服从信任域，从而重新定义 x^*。

---

① 该图来源于 Powell（1992）。

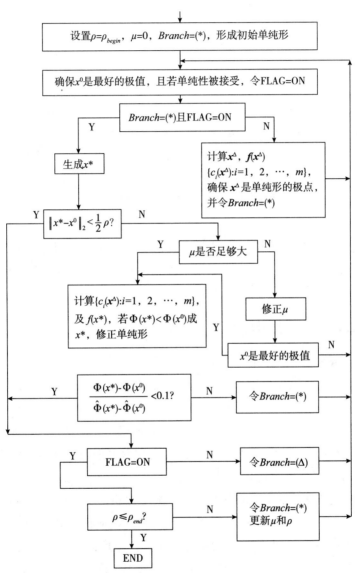

图 6.1.2 COBYLA 算法步骤

分枝 Δ 确保单纯形是可接受的。这里"可接受"的定义是，对于 $j =$ 0，1，…，n，设 σ^j 为顶点 x^j 到当前的单纯形的反面的欧几里得距离，并设 η^j 为 x^j 与 x^0 之间的边长，我们说该单纯形是可接受的，当且仅当以下不等式成立：

$$\left.\begin{matrix} \sigma^j \geqslant \alpha\rho \\ \eta^j \leqslant \beta\rho \end{matrix}\right\}, \ j = 1, \ 2, \ \cdots, \ n \qquad (6.1.15)$$

其中，α 和 β 为常数，且满足 $0 < \alpha < 1 < \beta$。

向量 x^Δ 定义如下：如果 $\{\eta^j : j = 0, \ 1, \ \cdots, \ n\}$ 中有任意一个数字比 $\beta\rho$ 还要大，设 l 为满足 $\eta^l = \max\{\eta^j : j = 0, \ 1, \ \cdots, \ n\}$ 的整数。否则，设 l 为满足 $\sigma^l = \min\{\sigma^j : j = 0, \ 1, \ \cdots, \ n\}$ 的整数。重复使用 x^Δ 替代 x^l，这里需要 x^Δ 远离单纯形的背对顶点 x^l 的那一面。因此，设 v^l 为垂直于这一面的单位长度向量，并定义向量 x^Δ 如下：

$$x^\Delta = x^0 \pm \gamma\rho v^l \qquad (6.1.16)$$

其中，符号的选择取决于可令 $\hat{\Phi}(x^\Delta)$ 的近似值，使得优化函数的值达到最小化；γ 是区间 $(\alpha, 1)$ 的一个常数。然后，下一次迭代是给出具有顶点 $\{x^j : j = 0, \ 1, \ \cdots, \ n, \ j \neq l\}$ 和 x^Δ 的单纯形。

6.1.6 数值模拟算例

我们在本节给出一个多重应力下的恒定应力加速寿命试验设计方法实例。设一种金属氧化物半导体元件的寿命受温度和电压两种应力的影响，其设计使用条件是温度水平为 25℃，电压水平为 5V。为对一批金属氧化物半导体元件进行设计应力下的可靠度函数进行评估，我们需要对其实施加速寿命试验，在此选取三种温度应力水平及三种电压应力水平，并基于 GPO 模型给出优化设计方案。

（1）设共有 200 个产品参加试验，截尾时间为 300 小时。为避免失效机理发生变化，由经验判断，试验所施加的温度应该不超过 250℃，电压不超过 10V。这里温度协变量的单位采用开氏温度的倒数，即设计使用条件下的温度 z_{1D} 为 $1/(25 + 276.13)$，温度应力上限 z_{1Upper} 为 $1/(250 + 276.13)$。我们以 10 年内的可靠度函数估计最精确为优化设计目的。

（2）事先进行基准试验，从而获得 GPO 模型的参数值及基准优势函数如下：

$\alpha_1 = 83.24$，$\alpha_2 = 0.018$，$\beta_1 = 30$，$\beta_2 = -178.96$；$\gamma_1 = 2$，$\gamma_2 = 0$ 即：优势函数为 $\theta_0(t) = 2t$。

（3）在给定受试产品数目及截尾时间的限制下，试验设计的目标是优化分配应力水平和受试产品数量，从而使得加速寿命试验可以为产品提供最准确的设计应力条件下的可靠度估计，即确保在一个预先指定的时间段（10 年）内，设计条件下的可靠性函数估计的渐近方差最小化。

目标函数为最小化 $f(x) = \int_0^T Var[\hat{R}(t, Z_D)]dt$

约束条件： $0 < p_{ij} < 1$，$i_j = 0, 1, 2$；$j = 1, 2, 3$

$$\sum p_{ij} = 1,$$

$$25℃ \leqslant 1/z_{1L} - 273.16 \leqslant 1/z_{1M} - 273.16 \leqslant 1/z_{1H} - 273.16 \leqslant 250℃$$

$$5 \leqslant z_{2L} \leqslant z_{2M} \leqslant z_{2H} \leqslant 10$$

$$np_{ij}[1 - R(\tau|z_{1i}, z_{2j})] \geqslant MNF, \quad i, j = 0, 1, 2$$

$$\sum = F^{-1}$$

其中，$x = (z_{1L}, z_{1M}, z_{1H}, z_{2L}, z_{2M}, z_{2H}, p_{00}, p_{01}, p_{02}, p_{10}, p_{11}, p_{12}, p_{20}, p_{21}, p_{22})^T$，$MNF$（Minimum Number of Failures）为预先指定的最小化失效数目。

（4）我们利用 6.1.5 小节所描述的 COBYLA 算法来求解上述优化问题。

（5）能使目标函数最小化且满足约束条件的决策变量如下：

应力水平选择：

$$T_L = 87℃，T_M = 146℃，T_H = 239℃；$$

$$V_L = 6.13V，V_M = 8.6V，V_H = 9.71V。$$

各应力水平组合下投放的受试产品的比例如表 6.1.1 所示。

表 6.1.1　各应力水平组合下受试产品的投放比例

p_{ij}	$T_L = 87℃$	$T_M = 146℃$	$T_H = 239℃$
$V_L = 6.13V$	0.314	0.161	0.079
$V_M = 8.6V$	0.142	0.069	0.057
$V_H = 9.71V$	0.074	0.051	0.053

在此设计方案下，设计应力条件下产品在 10 年内可靠度的估计的方差最小，$\min\left\{\int_0^T Var\left[\hat{R}(t, Z_D)\right] dt\right\} = 0.0873$。

对照 Zhang（2007）中的优化设计方案，在他的设计方案下，最优值为 0.0975，可以看出本书基于 GPO 模型给出的设计方案要优于 Zhang（2007）中的基于 PO 模型的设计方案。

6.2　基于 GPO 模型的多重步进应力
加速寿命试验设计

加速寿命试验（ALT）程序常被用来评价高可靠长寿命产品或元件的特性。如果在恒定应力加速寿命试验（CSALT）中，选定的应力水平不足够高，测试周期内就会有许多未失效产品，从而会造成供产品可靠性评估的失效数据不足。因此，为保证 ALT 的有效性，步进应力加速寿命试验（SSALT）应运而生。步进应力加速寿命试验的方法如下：一组样本从低加速应力水平开始测试，如果没有在指定的时间内得到足够多的失效数据，则另一个时间段内增加应力水平，并保持恒定；重复这个过程，直到获得足够多的失效数据。相比恒定应力加速寿命试验，步进应力加速寿命试验通常能在更短的时间获得足够多的失效数据。

随着科技的进步，高可靠长寿命产品越来越多，基于单应力类型的 ALT 使得我们很难在预定的时间范围内获得足够多的失效数据，多应力类型的加速寿命试验成为越来越受关注的一种试验技术。在本节，我们将基于 GPO 模型，考虑多重应力下步进加速寿命试验的设计问题。步进应力加速寿命试验的方法描述如下：将一组样本从低应力开始测试，如果指定的时间内我们没有获得足够的失效数据，则加大应力水平，并在一段时间内保持此应力水平恒定；重复这个过程，直到获得足够的失效数据。步进应力加速寿命试验通常能比恒定应力试验在更短的时间内获得足够的失效数据。

这里并不需要事先指定产品寿命的分布类型，而是使用 CE 模型来确定应力水平改变后的产品寿命分布类型。设计的优化目标是在最小化设计应力水平下一段时间内的可靠度估计的渐近方差。

6.2.1 试验程序

首先，我们给出基于 GPO 模型的多重简单步进应力加速寿命试验的程序如下：

第一，该试验共有 k 种加速应力作用于受试产品，记为 $z = (z_1, \cdots, z_k)$。

第二，n 个受试产品首先被放置在低应力水平 $z_L = (z_{1L}, \cdots, z_{kL})(z_L \geqslant z_D)$ 下进行试验，在一段时间 τ_1 后，将剩余的未失效产品放置在更高的应力水平 $z_H = (z_{1H}, \cdots, z_{kH})$ 下继续进行试验，在一段时间 τ_2 后终止试验；当 $k = 2$，即施加两种应力时，试验程序如图 6.2.1 所示。

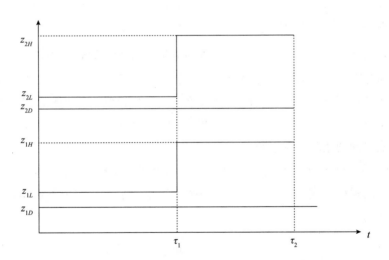

图 6.2.1 两种应力下步进应力加速寿命试验的应力加载方式

第三，低应力水平 z_L 下进行试验一段时间 τ_1 后，失效产品数目为 n_L；将剩余的未失效产品放置在更高的应力水平 z_H 下继续进行试验一段时间 τ_2 后，失效产品数目为 n_H。

第四，该多重步进应力加速寿命试验的设计目的是，优化选择加速应力水平 z_L 和 z_H 及应力水平转换时间 τ_1，以使得设计应力条件下的可靠度估计的误差最小化。

加速寿命试验统计分析与优化设计——基于广义比例优势模型
The Statistical Analysis and Optimal Design of Accelerated Life Testing Based on a Generalized Proportional Odds Model

6.2.2 基本假设

其一，产品正常使用应力水平下的优势函数与加速应力水平 $z = (z_1, \cdots, z_k)$ 下的优势函数服从如下 GPO 模型：

$$\theta(t, z) = \theta_0 \left[t e^{(\alpha_0 + \alpha_1 t)z^T} \right] e^{(\beta_0 + \beta_1 t)z^T}, \qquad (6.2.1)$$

其中，$\alpha_0 = (\alpha_{01}, \cdots, \alpha_{0k})$，$\alpha_1 = (\alpha_{11}, \cdots, \alpha_{1k})$，$\beta_0 = (\beta_{01}, \cdots, \beta_{0k})$，$\beta_1 = (\beta_{11}, \cdots, \beta_{1k})$ 为未知参数。

其二，该产品的基准优势函数 $\theta_0(t)$ 为二次函数，形式如下：

$$\theta_0(t) = \gamma_1 t + \gamma_2 t^2 \qquad (6.2.2)$$

其中，γ_1，γ_2 为未知参数。

其三，各受试产品的失效时间相互独立。

6.2.3 CE 模型

要分析步进应力加速寿命试验得到的失效数据，需将步进应力下的产品寿命分布与常应力下的寿命分布联系起来。由于在时间 τ_1 后，应力水平改变，从而会导致优势函数改变，这里我们采用最常使用的累积损伤模型（Cumulative Exposure Model，简称 CE 模型），来获得步进应力加载方式下的失效时间的累积概率函数。

CE 模型假设测试单元的剩余寿命只取决于它所经受过的"损伤"，且与损伤的累积方式无关。图 6.2.2 用图示法给出了恒定应力下和步进应力下产品的分布函数之间的关系。

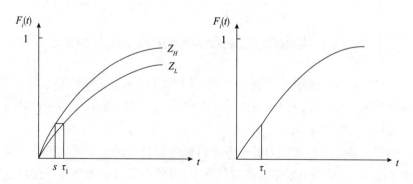

图 6.2.2　步进应力和恒定应力下产品的分布函数之间的关系

其中，$F_i(t)$ 表示恒定应力 $z_i(i = L, H)$ 下的产品失效时间的累积分布函数。

根据 GPO 模型，可以表示如下：

$$F_L(t) = 1 - \exp\left[- \ln\left\{ \theta_0 \left(te^{(\alpha_0 + \alpha_1 t)z_L} \right) e^{(\beta_0 + \beta_1 t)z_L} + 1 \right\} \right] \quad (6.2.3)$$

$$F_H(t) = 1 - \exp\left[- \ln\left\{ \theta_0 \left(te^{(\alpha_0 + \alpha_1 t)z_H} \right) e^{(\beta_0 + \beta_1 t)z_H} + 1 \right\} \right] \quad (6.2.4)$$

在第一阶段，即从试验开始至 τ_1 这段时间内，在时间 t，$t < \tau_1$ 失效的产品的累积分布函数：

$$F(t) = F_L(t), \quad t < \tau_1 \quad (6.2.5)$$

第二阶段的受试产品有一个等效的起始时间 s，它将产生相同的累积失效数目。因此，s 是以下方程的解：

$$F_H(s) = F_L(t) \quad (6.2.6)$$

或者：

$$1 - \exp\left[- \ln\left\{ \left(\gamma_1 se^{(\alpha_0 + \alpha_1 s)z_H} + \gamma_2 s^2 e^{2(\alpha_0 + \alpha_1 s)z_H} \right) e^{(\beta_0 + \beta_1 s)z_H} + 1 \right\} \right]$$

$$= 1 - \exp\left[- \ln\left\{ \left(\gamma_1 \tau_1 e^{(\alpha_0 + \alpha_1 \tau_1)z_L} + \gamma_2 \tau_1^2 e^{2(\alpha_0 + \alpha_1 \tau_1)z_L} \right) e^{(\beta_0 + \beta_1 \tau_1)z_L} + 1 \right\} \right] \quad (6.2.7)$$

因此，在试验的第二阶段内，在时间 t，$t \geq \tau_1$ 失效的产品的累积分布函数为：

$$F(t) = F_H(t - \tau_1 + s), \quad t \geq \tau_1 \quad (6.2.8)$$

综上所述，在多重步进应力加载方式下，失效产品的累积分布函数为：

$$F(t) = \begin{cases} F_L(t), & t < \tau_1 \\ F_H(t - \tau_1 + s), & t \geq \tau_1 \end{cases} \quad (6.2.9)$$

6.2.4 似然函数

受试产品可能会经历下面两种失效模式中的一种：其一，可能在应力改变时间 τ_1 前，在应力水平 z_L 下失效；其二，在 0 到 τ_1 这段时间内没有失效，在高应力水平 z_H 下失效，或在 τ_2 被截尾。我们根据应力改变时间 τ_1 定义指示变量如下：

$$I_1(t \leq \tau_1) = \begin{cases} 1, & t \leq \tau_1 \\ 0, & t > \tau_1 \end{cases}$$

$$I_2(t \leqslant \tau_2) = \begin{cases} 1, & t \leqslant \tau_2 \\ 0, & t > \tau_2 \end{cases}$$

由广义比例优势假设及基准优势函数，可得：

$$f(t, z_L) = \frac{\theta'(t, z_L)}{[\theta(t, z_L) + 1]^2}$$

$$= \frac{\theta(t, z_L)\alpha_1 z_L + [1 + \beta_1 t z_L]e^{(\alpha_0 + \alpha_1 t)z_L}[\gamma_1 e^{(\beta_0 + \beta_1 t)z_L} + 2\gamma_2 t e^{2(\beta_0 + \beta_1 t)z_L}]}{[1 + e^{(\alpha_0 + \alpha_1 t)z_L}(\gamma_1 t e^{(\beta_0 + \beta_1 t)z_L} + \gamma_2 t^2 e^{2(\beta_0 + \beta_1 t)z_L})]^2} \quad (6.2.10)$$

$$f(t, z_H) = \frac{\theta'(t, z_H)}{[\theta(t, z_H) + 1]^2}$$

$$= \frac{\theta(t, z_H)\alpha_1 z_H + [1 + \beta_1 t z_H]e^{(\alpha_0 + \alpha_1 t)z_H}[\gamma_1 e^{(\beta_0 + \beta_1 t)z_H} + 2\gamma_2 t e^{2(\beta_0 + \beta_1 t)z_H}]}{[1 + e^{(\alpha_0 + \alpha_1 t)z_H}(\gamma_1 t e^{(\beta_0 + \beta_1 t)z_H} + \gamma_2 t^2 e^{2(\beta_0 + \beta_1 t)z_H})]^2}$$

$$(6.2.11)$$

$$\lambda(t, z_L) = \frac{\theta'(t, z_L)}{\theta(t, z_L) + 1}$$

$$= \frac{\theta(t, z_L)\alpha_1 z_L + [1 + \beta_1 t z_L]e^{(\alpha_0 + \alpha_1 t)z_L}[\gamma_1 e^{(\beta_0 + \beta_1 t)z_L} + 2\gamma_2 t e^{2(\beta_0 + \beta_1 t)z_L}]}{1 + e^{(\alpha_0 + \alpha_1 t)z_L}[\gamma_1 t e^{(\beta_0 + \beta_1 t)z_L} + \gamma_2 t^2 e^{2(\beta_0 + \beta_1 t)z_L}]}$$

$$(6.2.12)$$

$$\lambda(t, z_H) = \frac{\theta'(t, z_H)}{\theta(t, z_H) + 1}$$

$$= \frac{\theta(t, z_H)\alpha_1 z_H + [1 + \beta_1 t z_H]e^{(\alpha_0 + \alpha_1 t)z_H}[\gamma_1 e^{(\beta_0 + \beta_1 t)z_H} + 2\gamma_2 t e^{2(\beta_0 + \beta_1 t)z_H}]}{1 + e^{(\alpha_0 + \alpha_1 t)z_H}[\gamma_1 t e^{(\beta_0 + \beta_1 t)z_H} + \gamma_2 t^2 e^{2(\beta_0 + \beta_1 t)z_H}]}$$

$$(6.2.13)$$

$$\Lambda(t, z_L) = \ln[\theta(t, z_L) + 1]$$

$$= \ln[1 + e^{(\alpha_0 + \alpha_1 t)z_L}(\gamma_1 t e^{(\beta_0 + \beta_1 t)z_L} + \gamma_2 t^2 e^{2(\beta_0 + \beta_1 t)z_L})] \quad (6.2.14)$$

$$\Lambda(t, z_H) = \ln[\theta(t, z_H) + 1]$$

$$= \ln[1 + e^{(\alpha_0 + \alpha_1 t)z_H}(\gamma_1 t e^{(\beta_0 + \beta_1 t)z_H} + \gamma_2 t^2 e^{2(\beta_0 + \beta_1 t)z_H})] \quad (6.2.15)$$

从而，对数似然函数可表示为：

$$l = \ln L(t, \ z_L, \ z_H)$$
$$= I_2\{I_1[\ln f(t, \ z_L)] + (1 - I_1)[\ln f(t, \ z_H)]\} - (1 - I_2)[\Lambda(t, \ z_H)]$$

$$(6.2.16)$$

6.2.5 Fisher 信息矩阵及协方差矩阵

利用式（6.2.16），对 l 关于 $\alpha_0 = (\alpha_{01}, \cdots, \alpha_{0k})$，$\alpha_1 = (\alpha_{11}, \cdots, \alpha_{1k})$，$\beta_0 = (\beta_{01}, \cdots, \beta_{0k})$，$\beta_1 = (\beta_{11}, \cdots, \beta_{1k})$ 及 γ_1，γ_2 中任意参数 u 求偏导，并令导函数等于 0，将得到联立方程组。求解此方程组可得 $\alpha_0 = (\alpha_{01}, \cdots, \alpha_{0k})$，$\alpha_1 = (\alpha_{11}, \cdots, \alpha_{1k})$，$\beta_0 = (\beta_{01}, \cdots, \beta_{0k})$，$\beta_1 = (\beta_{11}, \cdots, \beta_{1k})$ 及 γ_1，γ_2 的估计值。

在只考虑 γ_1 和 γ_2 的相关性情况下，对任意一组观测值 $(t, \ I, \ z)$，设 F 是其 Fisher 信息矩阵，则 F 为一个对称矩阵，可表示如下：

$$F =$$

$$\begin{bmatrix}
F_{11} & \cdots & 0 & 0 & \cdots & 0 & 0 & \cdots & 0 & 0 & \cdots & 0 & 0 & 0 \\
\vdots & \ddots & \vdots & \vdots & \cdots & \vdots & \vdots & \cdots & \vdots & \vdots & \cdots & \vdots & \vdots & 0 \\
0 & \cdots & F_{kk} & 0 & \cdots & 0 & 0 & \cdots & 0 & 0 & \cdots & 0 & 0 & 0 \\
0 & \cdots & 0 & F_{k+1,k+1} & \cdots & 0 & 0 & \cdots & 0 & 0 & \cdots & 0 & 0 & 0 \\
\vdots & \cdots & \vdots & \vdots & \ddots & \vdots & \vdots & \cdots & \vdots & \vdots & \cdots & \vdots & \vdots & 0 \\
0 & \cdots & 0 & 0 & \cdots & F_{2k,2k} & 0 & \cdots & 0 & 0 & \cdots & 0 & 0 & 0 \\
0 & \cdots & 0 & 0 & \cdots & 0 & F_{2k+1,2k+1} & \cdots & 0 & 0 & \cdots & 0 & 0 & 0 \\
\vdots & \cdots & \vdots & \vdots & \cdots & \vdots & \vdots & \ddots & \vdots & \vdots & \cdots & \vdots & \vdots & 0 \\
0 & \cdots & 0 & 0 & \cdots & 0 & 0 & \cdots & F_{3k,3k} & 0 & \cdots & 0 & 0 & 0 \\
0 & \cdots & 0 & 0 & \cdots & 0 & 0 & \cdots & 0 & F_{3k+1,3k+1} & \cdots & 0 & 0 & 0 \\
\vdots & \cdots & \vdots & \vdots & \cdots & \vdots & \vdots & \cdots & \vdots & \vdots & \ddots & \vdots & \vdots & 0 \\
0 & \cdots & 0 & 0 & \cdots & 0 & 0 & \cdots & 0 & 0 & \cdots & F_{4k,4k} & 0 & 0 \\
0 & \cdots & 0 & 0 & \cdots & 0 & 0 & \cdots & 0 & 0 & \cdots & 0 & F_{4k+1,4k+1} & F_{4k+1,4k+2} \\
0 & \cdots & 0 & 0 & \cdots & 0 & 0 & \cdots & 0 & 0 & \cdots & 0 & F_{4k+2,4k+1} & F_{4k+2,4k+2}
\end{bmatrix}$$

矩阵 F 中的元素为：

$$F_{11} = E\left(-\frac{\partial^2 l}{\partial \alpha_{01}^2}\right) = \int_0^\tau -\frac{\partial^2 l}{\partial \alpha_{01}^2} f(t, \ z_L, \ z_H) \, dt$$

$$\vdots$$

$$F_{kk} = E\left(-\frac{\partial^2 l}{\partial \alpha_{0k}{}^2}\right) = \int_0^\tau -\frac{\partial^2 l}{\partial \alpha_{0k}{}^2} f(t, z_L, z_H) dt,$$

$$F_{k+1, k+1} = E\left(-\frac{\partial^2 l}{\partial \alpha_{11}{}^2}\right) = \int_0^\tau -\frac{\partial^2 l}{\partial \alpha_{11}{}^2} f(t, z_L, z_H) dt$$

$$\vdots$$

$$F_{2k, 2k} = E\left(-\frac{\partial^2 l}{\partial \alpha_{1k}{}^2}\right) = \int_0^\tau -\frac{\partial^2 l}{\partial \alpha_{1k}{}^2} f(t, z_L, z_H) dt,$$

$$F_{2k+1, 2k+1} = E\left(-\frac{\partial^2 l}{\partial \beta_{01}{}^2}\right) = \int_0^\tau -\frac{\partial^2 l}{\partial \beta_{01}{}^2} f(t, z_L, z_H) dt$$

$$\vdots$$

$$F_{3k, 3k} = E\left(-\frac{\partial^2 l}{\partial \beta_{0k}{}^2}\right) = \int_0^\tau -\frac{\partial^2 l}{\partial \beta_{0k}{}^2} f(t, z_L, z_H) dt,$$

$$F_{3k+1, 3k+1} = E\left(-\frac{\partial^2 l}{\partial \beta_{11}{}^2}\right) = \int_0^\tau -\frac{\partial^2 l}{\partial \beta_{11}{}^2} f(t, z_L, z_H) dt$$

$$\vdots$$

$$F_{4k, 4k} = E\left(-\frac{\partial^2 l}{\partial \beta_{1k}{}^2}\right) = \int_0^\tau -\frac{\partial^2 l}{\partial \beta_{1k}{}^2} f(t, z_L, z_H) dt,$$

$$F_{4k+1, 4k+1} = E\left(-\frac{\partial^2 l}{\partial \gamma_1{}^2}\right) = \int_0^\tau -\frac{\partial^2 l}{\partial \gamma_1{}^2} f(t, z_L, z_H) dt,$$

$$F_{4k+1, 4k+2} = E\left(-\frac{\partial^2 l}{\partial \gamma_1 \partial \gamma_2}\right) = \int_0^\tau -\frac{\partial^2 l}{\partial \gamma_1 \partial \gamma_2} f(t, z_L, z_H) dt,$$

$$F_{4k+2, 4k+1} = E\left(-\frac{\partial^2 l}{\partial \gamma_2 \partial \gamma_1}\right) = \int_0^\tau -\frac{\partial^2 l}{\partial \gamma_2 \partial \gamma_1} f(t, z_L, z_H) dt,$$

$$F_{4k+2, 4k+2} = E\left(-\frac{\partial^2 l}{\partial \gamma_2{}^2}\right) = \int_0^\tau -\frac{\partial^2 l}{\partial \gamma_2{}^2} f(t, z_L, z_H) dt$$

从而可得参数 $\alpha_0 = (\alpha_{01}, \cdots, \alpha_{0k})$, $\alpha_1 = (\alpha_{11}, \cdots, \alpha_{1k})$, $\beta_0 = (\beta_{01}, \cdots,$ $\beta_{0k})$, $\beta_1 = (\beta_{11}, \cdots, \beta_{1k})$ 及 γ_1, γ_2 的极大似然估计 $\hat{\alpha}_0 = (\hat{\alpha}_{01}, \cdots, \hat{\alpha}_{0k})$,

$\hat{\alpha}_1 = (\hat{\alpha}_{11}, \cdots, \hat{\alpha}_{1k})$，$\hat{\beta}_0 = (\hat{\beta}_{01}, \cdots, \hat{\beta}_{0k})$，$\hat{\beta}_1 = (\hat{\beta}_{11}, \cdots, \hat{\beta}_{1k})$ 及 $\hat{\gamma}_1$，$\hat{\gamma}_2$ 的渐近协方差矩阵 $\sum$，是 Fisher 信息矩阵 F 的逆矩阵 F^{-1}（易知 F^{-1} 也是一个对称矩阵）：

$$\sum =$$

$$
\begin{bmatrix}
\sigma_{11} & \cdots & 0 & 0 & \cdots & 0 & 0 & \cdots & 0 & 0 & \cdots & 0 & 0 & 0 \\
\vdots & \ddots & \vdots & \vdots & \cdots & \vdots & \vdots & \cdots & \vdots & \vdots & \cdots & \vdots & \vdots & 0 \\
0 & \cdots & \sigma_{kk} & 0 & \cdots & 0 & 0 & \cdots & 0 & 0 & \cdots & 0 & 0 & 0 \\
0 & \cdots & 0 & \sigma_{k+1,k+1} & \cdots & 0 & 0 & \cdots & 0 & 0 & \cdots & 0 & 0 & 0 \\
\vdots & \cdots & \vdots & \vdots & \ddots & \vdots & \vdots & \cdots & \vdots & \vdots & \cdots & \vdots & \vdots & 0 \\
0 & \cdots & 0 & 0 & \cdots & \sigma_{2k,2k} & 0 & \cdots & 0 & 0 & \cdots & 0 & 0 & 0 \\
0 & \cdots & 0 & 0 & \cdots & 0 & \sigma_{2k+1,2k+1} & \cdots & 0 & 0 & \cdots & 0 & 0 & 0 \\
\vdots & \cdots & \vdots & \vdots & \cdots & \vdots & \vdots & \ddots & \vdots & \vdots & \cdots & \vdots & \vdots & 0 \\
0 & \cdots & 0 & 0 & \cdots & 0 & 0 & \cdots & \sigma_{3k,3k} & 0 & \cdots & 0 & 0 & 0 \\
0 & \cdots & 0 & 0 & \cdots & 0 & 0 & \cdots & 0 & \sigma_{3k+1,3k+1} & \cdots & 0 & 0 & 0 \\
\vdots & \cdots & \vdots & \vdots & \cdots & \vdots & \vdots & \cdots & \vdots & \vdots & \ddots & \vdots & \vdots & \vdots \\
0 & \cdots & 0 & 0 & \cdots & 0 & 0 & \cdots & 0 & 0 & \cdots & \sigma_{4k,4k} & 0 & 0 \\
0 & \cdots & 0 & 0 & \cdots & 0 & 0 & \cdots & 0 & 0 & \cdots & 0 & \sigma_{4k+1,4k+1} & \sigma_{4k+1,4k+2} \\
0 & \cdots & 0 & 0 & \cdots & 0 & 0 & \cdots & 0 & 0 & \cdots & 0 & \sigma_{4k+2,4k+1} & \sigma_{4k+2,4k+2}
\end{bmatrix}
$$

$$= F^{-1}$$

其中：

$$\sigma_{11} = \mathrm{var}(\hat{\alpha}_{01}), \quad \cdots, \quad \sigma_{kk} = \mathrm{var}(\hat{\alpha}_{0k}),$$

$$\sigma_{k+1,\,k+1} = \mathrm{var}(\hat{\alpha}_{11}), \quad \cdots, \quad \sigma_{2k,\,2k} = \mathrm{var}(\hat{\alpha}_{1k}),$$

$$\sigma_{2k+1,\,2k+1} = \mathrm{var}(\hat{\beta}_{01}), \quad \cdots, \quad \sigma_{3k,\,3k} = \mathrm{var}(\hat{\beta}_{0k}),$$

$$\sigma_{3k+1,\,3k+1} = \mathrm{var}(\hat{\beta}_{11}), \quad \cdots, \quad \sigma_{4k,\,4k} = \mathrm{var}(\hat{\beta}_{1k}),$$

$$\sigma_{4k+1,\,4k+1} = \mathrm{var}(\hat{\gamma}_1), \quad \sigma_{4k+1,\,4k+2} = \mathrm{cov}(\hat{\gamma}_1, \hat{\gamma}_2),$$

$$\sigma_{4k+2,\,4k+1} = \mathrm{cov}(\hat{\gamma}_2, \hat{\gamma}_1), \quad \sigma_{4k+2,\,4k+2} = \mathrm{var}(\hat{\gamma}_2)$$

6.2.6　优化准则

本小节我们依然选择"在一段预先指定的时间 T 内，以设计应力条件下可靠度的估计的方差最小"作为优化准则，即最小化 $\int_0^T Var[\hat{R}(t, Z_D)]dt$ 。

如 6.1.4 小节所述，$Var[\hat{R}(t, Z_D)]$ 的计算方法为：

$$Var(\hat{R}(t, Z_D)) =$$

$$\left[\frac{\partial R(t)}{\partial \alpha_0} \quad \frac{\partial R(t)}{\partial \alpha_1} \quad \frac{\partial R(t)}{\partial \beta_0} \quad \frac{\partial R(t)}{\partial \beta_1} \quad \frac{\partial R(t)}{\partial \gamma_1} \quad \frac{\partial R(t)}{\partial \gamma_2}\right] F^{-1} \times$$

$$\left[\frac{\partial R(t)}{\partial \alpha_0} \quad \frac{\partial R(t)}{\partial \alpha_1} \quad \frac{\partial R(t)}{\partial \beta_0} \quad \frac{\partial R(t)}{\partial \beta_1} \quad \frac{\partial R(t)}{\partial \gamma_1} \quad \frac{\partial R(t)}{\partial \gamma_2}\right]^T \Big|$$

$$(\alpha_0, \alpha_1, \beta_0, \beta_1, \gamma_1, \gamma_2) = (\hat{\alpha}_0, \hat{\alpha}_1, \hat{\beta}_0, \hat{\beta}_1, \hat{\gamma}_1, \hat{\gamma}_2) \qquad (6.2.17)$$

其中，$\alpha_0 = (\alpha_{01}, \alpha_{02})^T$，$\alpha_1 = (\alpha_{11}, \alpha_{12})^T$，$\beta_0 = (\beta_{01}, \beta_{02})^T$，$\beta_1 = (\beta_{11}, \beta_{12})^T$ 。

6.2.7　问题的公式化

该优化问题是，在指定截尾时间和受试产品数目限制及低应力水平下最小产品失效数目的情况下，基于 GPO 模型给出简单步进应力加载方式下的多重步进应力加速寿命试验的优化设计方案，从而使得在一个预先指定的时间段内，设计应力条件下的可靠度估计的渐近方差最小化。

优化问题的决定变量包括：低加速应力水平 z_L 及应力水平改变时间 τ_1。这里的高应力水平 z_H 选择产品失效机理不发生变化的应力水平上限。

最优化决定变量低加速应力水平 z_L 及应力水平改变时间 τ_1 可由下列非线性最优问题求解而得。

目标函数：

最小化：

$$f(x) = \int_0^T Var[\hat{R}(t, Z_D)]dt$$

$$= \int_0^T Var\left[\frac{1}{\left(\hat{\gamma}_1 e^{(\hat{\beta}_0 + \hat{\beta}_1 t) z_D} + \hat{\gamma}_2 t^2 e^{2(\hat{\beta}_0 + \hat{\beta}_1 t) z_D}\right) e^{(\hat{\alpha}_0 + \hat{\alpha}_1 t) z_D}}\right] dt$$

约束条件：

$$nPr[t \leq \tau_1; z_L] \geq MNF,$$

$$\sum = F^{-1}$$

此处 $x = \begin{bmatrix} z_L \\ \tau_1 \end{bmatrix}$，$MNF$（Minimum Number of Failures）为预先指定的最小化失效数目。

该问题的最优解依赖于模型参数（α_0，α_1，β_0，β_1，γ_1，γ_2）的值。Chernoff（1962）提出了局部优化设计方法（locally optimum design），该方法利用预先估计得到的模型参数值进行优化设计，且被普遍采用，详见 Bai 和 Kim（1989）、Bai 和 Chun（1991）及 Nelson（1990）。在这里，我们也采用这种方法，预先估计模型参数（α_0，α_1，β_0，β_1，γ_1，γ_2）的值，并利用这些估计值进行加速寿命试验的优化设计。

6.2.8　数值模拟算例

我们在本节给出一个多重应力下的恒定应力加速寿命试验设计方法实例。设一种 MOS 电容器的寿命受温度和电压两种应力的影响，其设计使用条件是温度水平为 25℃，电压水平为 5V。为对一批 MOS 电容器进行设计应力下的可靠度函数进行评估，我们对其实施加速寿命试验，在此选取三种温度应力水平及三种电压应力水平，并基于 GPO 模型给出优化设计方案。

其一，设共有 200 个产品参加试验，截尾时间为 300 小时。为避免失效机理发生变化，由经验判断，试验所施加的温度应该不超过 250℃，电压不超过 10V。这里温度协变量的单位采用开氏温度的倒数，即设计使用条件下的温度 z_{1D} 为 $1/(25 + 276.13)$，温度应力上限 z_{1Upper} 为 $1/(250 + 276.13)$。我们以 10 年内的可靠度函数估计最精确为优化设计目的。

其二，事先进行基准试验，从而获得 GPO 模型的参数值及基准优势函数如下：

$\alpha_1 = 83.24$，$\alpha_2 = 0.018$，$\beta_1 = 30$，$\beta_2 = -178.96$，$\gamma_1 = 2$，$\gamma_2 = 0.01$，即优势函数为 $\theta_0(t) = 2t + 0.01t^2$；

其三，在给定受试产品数目及截尾时间的限制下，试验设计的目标是选择最优的低加速应力水平 z_L 及应力水平改变时间 τ_1，从而使得加速寿命试验可以为产品提供最准确的设计应力条件下的可靠度估计，即确保在一个预先指定的时间段（10年）内，设计条件下的可靠性函数估计的渐近方差最小化。

目标函数：

最小化：
$$f(x) = \int_0^T Var[\hat{R}(t, Z_D)] dt$$

约束条件：
$$n\Pr[t \leqslant \tau_1, z_{1L}, z_{2L}] \geqslant MNF,$$
$$323.16 \leqslant z_{1L} \leqslant 523.16,$$
$$5 \leqslant z_{2L} \leqslant 10$$
$$\tau_1 < \tau$$
$$\sum = F^{-1}$$

此处 $x = (z_{1L}, z_{2L}, \tau)$，$Z_D = (323.16, 5)$，$\tau = 300$，$T = 87600$，$MNF = 50$。

其四，我们利用 6.1.5 小节所描述的 COBYLA 算法来求解上述优化问题。

其五，能使目标函数最小化且满足约束条件的解为：
$$Z_{1L}^* = 137℃, \quad Z_{2L}^* = 8.3V, \quad \tau_1^* = 141h$$

6.3　本章小结

本章基于 GPO 模型，分别在恒定应力和步进应力两种应力加载方式下，对加速寿命试验的优化设计方法进行了研究。通过 GPO 模型建立相应的极大似然估计程序，并根据对数似然函数给出了 Fisher 信息矩阵和方差—协方差矩阵的计算方法；然后制定了一个以设计应力下的可靠度估计的渐近方差最小化为目标函数的非线性优化问题，利用 Powell（1992）提出的 COBYLA 算法对该优化问题进行求解，并基于此给出最优化加速寿命试验设计方案。

　　本章所提出的优化设计方法，以"使得一段时间内的、设计应力下的可靠度估计的渐近方差最小化"为优化目标，从而避免了传统的基于非参数模型的加速寿命试验优化设计方法中由于目标函数中积分区间变化而造成的优化结果不一致的问题。最后给出了运用该方法进行加速寿命试验优化设计的数值模拟算例。模拟结果表明这种优化设计方法可以有效地提高产品可靠度的评估精度。

　　通过研究，我们得到了以下结论：较基于 PO 模型的加速寿命试验设计方法，本书提出的 GPO 模型应用在加速寿命试验优化设计时，使得设计应力条件下可靠度估计的精度得到了提升。这是因为 GPO 模型具有比例优势模型的优点，但同时也考虑了时间规模变化效应和时变系数效应，因此能够充分利用应力水平和失效数据的丰富信息，从而更好地拟合加速寿命试验数据。

❼
本书总结与展望

7.1　本书工作总结

提高质量和效益，是经济新常态下，推动中国经济发展的新驱动力。习近平总书记在党的十九大工作报告中提出了"质量强国"的重要论述，这既是对质量工作的鼓励和鞭策，也为质量工作指明了努力方向，更是新时期质量工作的行动纲领。

质量检测是企业产品质量管理体系中的重要一环，可靠性评估是对产品进行质量检测的主要技术手段，因此可靠性评估技术研究具有深远的经济意义。加速寿命试验技术是产品可靠性评估的主要技术，其统计方法研究是可靠性统计领域研究的热点问题之一，而加速模型的研究是加速寿命试验统计方法研究的核心。这是因为基于不同模型估计得到的可靠度估计的精度差异较大，因此，加速模型的研究对产品质量管理及质量提升至关重要。

近年来，很多专家学者致力于统计加速模型的扩展研究，并取得了丰富的研究成果，这些成果为加速寿命试验技术提供了适用范围更广、评估精度更高的加速模型，从而推动了加速寿命试验技术水平的提高。然而这些成果大都集中在对 PH 模型、AFT 模型的扩展研究，而对 PO 模型的扩展研究还非常少见。鉴于 PO 模型在基于加速寿命试验的产品可靠性评估体系中的重要性，本书在 Zhang（2007）提出的"基于 PO 模型的加速寿命试验的统计分析"的基础之上，借鉴 Wang（2001）中 ELHR 模型的思

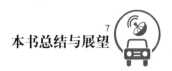

想，提出了一个新的加速模型 GPO 模型，该模型同时考虑了比例优势效应、时协变量效应及时间规模效应。GPO 模型主要由三部分构成：第一部分是优势倍乘部分，它是用来处理基准优势函数和协变量作用下的优势函数之间的关系的；第二部分是时间规模效应部分，它是用来处理时间和协变量对基准优势函数的影响的；第三部分是时协系数效应部分，它是用来处理时间对协变量系数的影响的。GPO 模型将这三类效应结合起来，可以同时处理它们对产品可靠度估计的影响。本书所提出的 GPO 模型是 PO 模型的扩展，而 PO 模型是该模型的特殊形式，因此在应用于加速寿命试验统计分析时，GPO 模型较 PO 模型具有更广泛的应用范围，估计精度也更高。

　　本书对 GPO 模型的理论性质进行了探讨，说明了 PO 模型是 GPO 模型的一种特殊形式，从而证实 GPO 模型比 PO 模型的应用范围更为广泛，并通过数值模拟，将 GPO 模型和 PO 模型对同一组加速寿命试验数据进行分析，模拟结果表明，基于 GPO 模型比基于 PO 模型的评估结果更为精确。为验证本书所提出的 GPO 模型在实际应用中的有效性，本书将 GPO 模型应用于一个实例。分别基于 GPO 模型和 PO 模型对 Maranowski 和 Cooper（1999）中 6H-SiC MOS 电容器的 TDDB 数据进行统计分析，通过结果对比，证实 GPO 模型的评估精度要高于 PO 模型的评估精度；通过与 Maranowski 和 Cooper（1999）基于图示法的统计分析方法对比，说明了 GPO 模型的实用性。

　　加速寿命试验主要是针对具有较高可靠度的产品，这类产品的寿命较长，通常并不能得到每一个受试产品的完整寿命。因此，若想在较短的时间内评估产品在设计应力下的可靠性指标，往往需对试验样本进行截尾。本书将 GPO 模型应用到具有截尾的加速寿命试验的统计分析中。首先利用 GPO 模型将应力协变量与优势函数联系起来，在同时考虑时协系数效应、时间规模效应及比例优势效应的情况下，给出协变量作用下的产品优势函数表达式。然后根据优势函数建立似然函数方程，并求解协变量系数，从而计算产品在正常应力水平下的各可靠度指标。此外，本书通过数值模拟，基于 GPO 模型和 PO 模型对不同截尾率下的加速寿命试验的失效数据进行分析，分析结果表明：在截尾率为 0%、5%、10% 和 15% 的情况下，基于 GPO 模型估计的可靠度的精度始终高于基于 PO 模型估计得到的可靠度的精度。从而再次证实了，与 PO 模型相比较而言，利用 GPO 模型能更加有效地对加速寿命试验数据进行评估，并且能够减少数据信息的损失，从而能得到具有更高评估精度的可靠性估计值。

由于产品可靠性特征值的估计量是一个随机变量，具有一定的随机变动范围，因此，在实际可靠工程中，相比产品可靠性特征值的点估计，估计量不确定性的区间估计会更加受到关注。本书通过建立 GPO 模型的 Fisher 信息矩阵，计算出了 GPO 模型参数的渐近方差—协方差矩阵，从而给出了模型参数评估值的置信区间，进而给出了产品可靠度估计的置信区间。此外，本书分别采用 PO 模型和 GPO 模型对同一组加速寿命试验数据进行评估，并基于评估结果构建似然比统计量，从而建立了验证 GPO 模型的有效性的方法。最后，通过数值模拟，验证了本书所提出的方法可以计算得到准确的可靠度估计的置信区间。

尽管加速寿命试验相比设计应力条件下的寿命试验节省了时间花费和成本，但是通过外推获得的可靠性估计不可避免地不够精确。为了获得更为精确的估计，一个有效的办法是对加速寿命试验方案进行优化设计，以使得基于该试验的可靠度评估更为精确。然而，单应力下加速寿命试验的设计可能会忽略其他会导致产品失效的应力的影响，故本书基于 GPO 模型对多重应力下的加速寿命试验的优化设计进行了研究，分别在多重恒定应力和多重步进应力两种加载方式下，以试验结果的统计精度最高为目标，以"使得一段指定时间内、设计应力条件下可靠度估计的渐近协方差最小"为优化目标，依据 Powell（1992）提出的线性近似约束优化算法，给出了基于 GPO 模型的加速寿命试验的优化设计方案。

此外，为了将基于 GPO 模型的加速寿命试验统计分析理论和优化设计方法在应用于实际可靠性工程中，本书利用 C 语言开发了"基于广义比例优势模型的加速寿命试验统计分析"的软件包，在 GPO 模型应用于产品可靠性评估过程时，可利用该软件包进行参数估计、可靠度函数估计、置信区间估计等。

7.2 研究展望

加速寿命试验技术研究作为可靠性研究领域的一个重要研究方向，虽然在理论和实证研究方面已经取得了一些大的突破和成果，但是基于比例优势模型的加速寿命试验技术研究起步较晚，有些方面还有待于进一步完善，本书认为以下方面有待于进一步研究：

第一，本书所提出的 GPO 模型只是考虑了与时间无关的协变量的情形，然而，在加速寿命试验时，也会经常碰到与时间相关的协变量，例如序进应力加速寿命试验的应力就是与时间相关的协变量。如何在具有时协变量效应时，利用 GPO 模型进行基于加速寿命试验的产品可靠性评估，是一个有待进一步研究的问题。

第二，本书在计算过程中，使用 Zhang（2007）提出的多项式函数作为近似基准优势函数。尽管该多项式函数是根据优势函数的性质而提出的，但是，探索是否存在更为一般的优势函数的表达形式，将值得进一步研究。因为这将有助于提高基于 PO 模型和 GPO 模型的可靠性特征量估计的精度。

第三，本书在对多应力型加速寿命试验进行统计分析和优化设计时，总是假定各种应力效果之间是不相关的；而在实际应用过程中，同时对产品施加不同种应力，对产品寿命产生的效果可能是相关的，故在未来的研究中，要考虑不同应力之间的相关性。

第四，GPO 模型是 PO 模型的扩展，具有一定的适用范围，在对寿命分布未知的产品加速寿命试验数据进行统计分析时，应首先判定该组数据是否接近 PO 假定，从而选择适当的模型。但由于目前我国产品可靠性评估试验的失效数据信息缺乏共享，因此无法将本书所提出的"基于 GPO 模型的加速寿命试验统计分析和试验设计方法"结合我国某个企业的产品进行实例演示。为促进可靠性评估理论的发展，我国应建立产品寿命试验的大数据机制，使得研究人员在对可靠性理论进行研究时有据可依，从而促进可靠性评估技术的提高。

附　录

附录 1　论文中用到的部分程序代码

一、GPO 模型中参数的估计程序

```
/ *************************************************************
GPO_Model. c
This program estimate the parameters of the GPO model
Input file:
    1. init. txt (initialization data)
    2. data. txt (failure/censored data with corresponding covariates)
Output: On screen (The output of parameters is printed on screen)


Format of the init. txt
=====================================================
Line 1: Total number of failure/censored data
Line 2: 6
Line 3: Number of covariates
Note: From values in line 2 and 3, we can calculate total number of parameters
in the GPO model. Ex: GPO with 2 covariates has a total of 10 parameters. (See
program in details)
Suppose total number of parameters in GPO model is k
```

Line 4 to Line 4 + k−1: Initial value of the GPO parameters

Line 4+k to Line 4+2k−1: Lower bound of the GPO parameters

Line 4+2k to Line 4+3k−1: Upper bound of the GPO parameters

==

Format of the data. txt

==

In init. txt, Line 1 gives the total number of failure/censored data

Suppose this number is n, then in data. txt file, there are total of n lines.

In init. txt, Line3 gives the number of covariates. Suppose this number is k, for each line i in data. txt file, there are k+2 values that is space/tab delimited.

Value 1: Failure/Censored time of unit i.

Value 2 to k+1: Corresponding covariates' value of unit i.

Value k+2: Censoring or not of unit i. 1: censored, 0: non−censored.

Note: The value of failure/censored time should be sorted.

==

```c
#include <math. h>
#include <stdio. h>
#include <imsl. h>

/ ** Upper limit of total # of data. To save memory, set it to 300 **
 ** If total # of data > 300, need to change this ** /
#define NUM_DATA 300

/ ** Upper limit of # of covariates ** /
#define NUM_COVARIATE 3

/ ** Upper limit of total # of parameters ** /
/ *2 个基本参数+4 个协变量系数参数 *3 个协变量数 */
#define NUM_PARA 14
```

```
void logLikelihood( int iTotalNumConstrained, int iNumEqualConstraint,
int iNumPara, double x[ ], int active[ ], double * f, double g[ ] );
double fcn_odds( double ft );
void print_proc( Imsl_error, long, char * , char * );
int nModelPara;
int nData;
int nCovariate;
int nPara;
double zz[ NUM_COVARIATE ];
double xx[ NUM_PARA ];
void main( )
{
    int i;
    int ibtype = 0, nConstraint, nEqualConstraint =0;
    double * x, dTmp;
    double xguess[ NUM_PARA ], xlb[ NUM_PARA ], xub[ NUM_PARA ];
    FILE * fpInit;
    / *** Open file for read initialization data *** /
    fpInit = fopen( "init. txt" , "r" );
    if ( ! fpInit)
    {
        printf( "File Open Error: init. txt. \n" );
        exit (1);
    }
    / ** # of failure data ( including censored data) ** /
    fscanf (fpInit, "%d", &nData);
    / *** Error checking *** /
    if ( NUM_DATA < nData)
    {
```

```
        printf ("Error: # of failure data > %d. \n", NUM_DATA);
        printf ("Need to change define in the code. \n");
        exit (1);
    }
nConstraint =nData;
/ ** # model parameters ** /
fscanf (fpInit, "%d", &nModelPara);
/ *** Error checking *** /
if (6 ! =nModelPara)
    {
        printf ("Error: GPO model can only have 6. \n");
        exit (1);
    }
/ ** # of covariates ** /
fscanf(fpInit, "%d", &nCovariate);
/ *** Error checking *** /
if (NUM_COVARIATE < nCovariate)
    {
        printf ("Error: # of covariates > %d. \n", NUM_COVARIATE);
        printf ("Need to change define in the code. \n");
        exit(1);
    }
if (6 ==nModelPara)
        nPara =2 + nCovariate * 4;
/ *** Error checking *** /
if (NUM_PARA < nPara)
    {
        printf ("Error: # of parameters > %d. \n", NUM_PARA);
        printf ("Need to change define in the code. \n");
        exit (1);
```

```
}
/ ** parameter's initial value ** /
for ( i =0; i < nPara; i++)
    fscanf(fpInit, "% lf", &xguess[i]);
/ *** Lower bound of the parameters *** /
for ( i =0; i < nPara; i++)
    fscanf(fpInit, "% lf", &xlb[i]);
/ *** Upper bound of the parameters *** /
for ( i =0; i < nPara; i++)
    fscanf(fpInit, "%lf", &xub[i]);
/ *** Error checking *** /
for ( i =0; i < nPara; i++)
{
    if ( xlb[i] > xub[i])
{
    Printf("Error: Lower bound > Upper bound. \n");
    exit(1);
}
}
/ ** Close file ** /
fclose(fpInit);
imsl_error_options(IMSL_ERROR_PRINT_PROC, print_proc, 0);
x =imsl_d_min_con_nonlin(logLikelihood, nConstraint, nEqualConstraint,
nPara, ibtype, xlb, xub, IMSL. XGUESS, xguess, 0);
}


void logLikelihood ( int iTotalNumConstrained, int iNumEqualConstraint, int
iNumPara, double x[], int active[], double * f, double g[])
{
    int i =nPara, j, iCurrent, c;
```

```c
double f_time, odds, hr, cuHr, sumLogHazard, sumCuHazard;
double z[NUM_DATA][NUM_COVARIATE];
FILE *fpData;

/* Save as global for other function to use */
for (j =0; j < nPara; j++)
xx[j] =x[j];

/*** Initialization ***/

hr =0.0;
cuHr =0.0;
sumLogHazard =0.0;
sumCuHazard =0.0;
/*** Open file for read the data ***/
fpData =fopen("data.txt", "r");
if (! fpData)
{
printf("File Open Error: data.txt.\n");
exit (1);
}
for(iCurrent =0; iCurrent < nData; iCurrent++)
{
    /** input data ** /
    fscanf(fpData, "%lf", &f_time);
    for (j =0; j < nCovariate; j++)
        fscanf(fpData, "%lf", &z[iCurrent][j]);

    fscanf(fpData, "%d", &c);
```

```
/ ** Change stress unit from C to F ** /
/ ** In general, omit these lines ** /
if (2 ==nCovariate)
{

    f_ time / =10000;
    z[iCurrent][1] =1.0/(273.16 + z[iCurrent][1]);

}
else
    z[iCurrent][0] =1.0/(273.16 + z[iCurrent][0]);
/ * Save as global for other function to use * /
for (j =0; j < nCovariate; j++)
zz[j] =z[iCurrent][j];
/ ** Calculate hazard rate function ** /
if (6 ==nModelPara)
    odds =fcn_odds(f_time);
/ ** odds should always >=0, if odds < 0 **
 ** initial value is not appropriate ** /
if (0 > odds)
{

    printf ("odds < 0, can't take log\n");
    printf("iCurrent =%d\n", iCurrent);
    printf("ft:%e\n", f_time);
    printf("z :%e\n", z[iCurrent]);
    for (i =0; i < nPara; i++)
        printf("%e\n", x[i]);
    exit(1);

}
/ ** Only sum log of hr when not censored ** /
if (0 ==c)
sumLogHazard + =log(hr);
```

```c
/** Calculate cumulative hazard rate function **/
if (6 ==nModelPara)
cuHr =imsl_d_int_fcn(fcn_hr, 0. 0, f_time, 0);
/** sum of cumulative hazard ** /
sumCuHazard +=cuHr;
/* Constraints */
if (active[i])
    g[i] =hr;
}
/** Close file **/
fclose(fpData);
/* Note: it should be minus log likelihood function to min */
*f=-sumLogHazard + sumCuHazard;
/** print this iteration's result on screen **/
printf("Log likelihood value =%20. 15f\n", *f);
for(i =0; i < nPara; i++)
printf("%e\n", x[i]);
}


/* GPO's odds fcn
    Given ft, return odds function
    parameters and stress level using global variable */
double fcn_odds(double ft)
{
    double rl, r2;
    double inside_t, theta0, theta;
    double tmpB, tmpA;
    int i;
    rl =xx[1];
```

```
        r2 =xx[2];

        tmpB =0.0;
        tmpA =0.0;
        for (i =0; i < nCovariate; i++)
        {
            tmpB +=((xx[5 + i * 4] + xx[6 + i * 4] * ft) * zz[i]);
            tmpA +=((xx[3 + i * 4] + xx[4 + i * 4] * ft) * zz[i]);
        }
inside_t =ft * exp(tmpB);
theta0 =(rl + r2 * inside_t) * inside_t;
theta =theta0 * exp(tmpA);
return (theta);
}


void print_proc(Ims_error type, long code, char * function_name,
        char * message)
{
    printf("Error message type %d\n", type);
    printf("Errorcode %d\n", code);
    printf("From function %s\n", function_name);
    printf("%s\n", message);
}
```

二、基于 GPO 模型的产品可靠度估计的程序代码

GPO _ribty. c

This program estimate the reliability at a certain stress level

Input file:

1. init. txt (initialization data)

2. init2. txt (initialization data)

3. data. txt (failure/censored data with corresponding covariates)

Output file:

rlbty. txt

Format of the init. txt

==

Same as before, see GPO _Model. c

Note: Only Lines 1,2,3 are used in this program

==

Format of the init2. txt

==

In init. txt, from Line2 and 3, we can calculate number of covariates
and total number of parameters in GPO model. Suppose number of
covariates is k, number of parameters is m. Then there are a total of
m+k+1 lines in init2. txt

Line 1 to m : Estimated parameters in GPO model

Line m+1 to m+k: Covariate stress level for reliability estimating

Line m+k+1 : A value represent a time big enough for integration

Note: Line m+k+1 is not used in this program

==

Format of the data. txt

==

Same as before, See GPO_Model. c

Note: The value of failure/censored time should be sorted.

Note: Only the failure time is used in this program

==

Format of the rlbty. txt


```
====================================================
In init. txt, Line 1 gives the total number of failure/censored data
Suppose this number is n, then in rt. txt file, there are total of
n lines. Each line has two values.
Value 1: time
Value 2: Estimated reliability
====================================================
*************************************************** /


#include <math. h>
#include <stdio. h>
#include <imsl. h>


/ ** Upper limit of total # of data. To save memory, set it to 300 **
** If total # of data > 300, need to change this ** /
#define NUM_DATA 300


/ **  Upper limit of # of covariates ** /
#define NUM_COVARIATE 3
/ **  Upper limit of total # of parameters ** /
/ ** 2( # baseline para)+3( # covariates) * 4( # of para/covariate) ** /
#define NUM. PARA 14


double fcn_odds( double ft) ;


/ *** Global variables *** /
int nModelPara;
```

```c
int nData;
int nCovariate;
int nPara;
double zz[NUM_COVARIATE];
double xx[NUM_PARA];

int main()
{
    int i, j, iTmp;
    double dTmp, f_time, Hr, cuHr, rt;
    FLE *fpInit, *fpData, *fpOut;

    /*** Open file for read initialization data ***/
    fpInit =fopen("init.txt", "r");
    if (! fpInit)
    {
        printf("File Open Error: init.txt.\n");
        exit(1);
    }
    /** # of failure data (including censored data) **/
    fscanf(fpInit, "%d", &nData);
    /*** Error checking ***/
    if (NUM_DATA< nData)
    {
        printf("Error: # of failure data > %d.\n", NUM_DATA);
        printf("Need to change define in the code.\n");
        exit(1);
    }
    /** # model parameters **/
    fscanf(fpInit, "%d", &nModelPara);
```

```
/ *** Error checking *** /
if( 6 ! = nModelPara)
{
printf("Error:GPO model can only have 6 parameters. \n") ;
exit(1) ;
}
/ ** # of covariates ** /
fscanf (fpInit, "%d" , &nCovariate) ;
/ *** Error checking *** /
if ( NUM_COVARIATE < nCovariate)
{
    printf ( "Error: # of covariates > %d. \n" , NUM_COVARI-
ATE) ;
    printf ("Need to change define in the code. \n") ;
    exit(1) ;
}
if ( 6 == nModelPara)
nPara =2 + nCovariate * 4;
/ *** Error checking *** /
if ( NUM_PARA < nPara)
{
    printf ("Error: # of parameters > %d. \n" , NUM_PARA) ;
    printf ("Need to change define in the code. \n") ;
    exit(1) ;
}
/ ** Close file ** /
fclose(fpInit) ;

/ *** Open file for read initialization data *** /
fpInit =fopen("init2. txt" , "r") ;
```

```
if ( ! fpInit)
{
    printf( " File Open Error: init. txt. \n" ) ;
    exit ( 1 ) ;
}
/ ** parameter's estimated value ** /
for ( i = 0; i < nPara; i++)
fscanf( fpInit, " %lf" , &xx[ i ] ) ;


/ * estimated reliability at what stress level * /
for ( i = 0; i < nCovariate; i++)
fscanf( fpInit, " %lf" , &zz[ i ] ) ;


/ ** Change stress unit from C to F ** /
/ ** In general, omit these lines ** /
if ( 2 == nCovariate)
zz[ 1 ] = 1. 0/( 273. 16 + zz[ 1 ] ) ;
else
zz[ 0 ] = 1. 0/( 273. 16 + zz[ 0 ] ) ;
/ **************************************************** /


/ ** Close file ** /
fclose( fpInit) ;


fpData = fopen( " data. txt" ," r" ) ;
if ( ! fpData)
{
    printf ( " File Open Error: data. txt. \n" ) ;
    exit ( 1 ) ;
}
```

```c
fpOut = fopen("rlbty.txt", "w");
if (! fpOut)
{
    printf("File Open Error: rlbty.txt. \n");
    exit (1);
}
for(i =0; i < nData; i++)
{
    fscanf(fpData, "%lf", &f_time);


/** estimate reliability at time point 1,2,… nData ** /
/** In general, if estimate reliability at
/* failure time, omit this line ** /
/* f_time = i; * /
/* Skip the covariate level and censoring data * /
for (j = 0; j < nCovariate; j++)
fscanf(fpData, "%lf", &dTmp);
fscanf(fpData, "%d", &iTmp);


/** Calculate cumulative hazard rate function ** /
if (6 == nModelPara)
cuHr = imsl_d_int_fcn(fcn_hr, 0.0, f_time, 0);


rt = exp(-cuHr);
fprintf(fpOut, "%f %20.15f\n", f_time, rt);
}


/** Close file ** /
fclose(fpData);
fclose(fpOut);
```

return 0;

}

/ * GPO's Odds fcn

Given ft, return Odds function

parameters and stress level using global variable * /

double fcn_odds(double ft)

{

double r1, r2;

double inside_t, theta0, theta;

double tmpB, tmpA;

int i;

rl =xx[1];

r2 =xx[2];

tmpB =0. 0;

tmpA =0. 0;

for (i =0; i < nCovariate; i++)

{

    tmpB +=((xx[5 + i * 4] + xx[6 + i * 4] * ft) * zz[i]);

    tmpA +=((xx[3 + i * 4] + xx[4 + i * 4] * ft) * zz[i]);

}

inside_t =ft * exp(tmpB);

theta0 =(rl + r2 * inside_t) * inside_t;

theta = theta0 * exp(tmpA);

return (theta);

}

三、基于 GPO 模型的 MTTF 估计的程序代码

/ ** /

GPO_mttf. c

This program estimate the MTTF at a certain stress level

Input file：

1. init. txt（initialization data）

2. init2. txt（initialization data）

Output file：

mttf. txt

Format of the init. txt

==

Same as before，see GPO_Model. c

Note：Only Lines 1，2，3 are used in this program

==

Format of the init2. txt

==

Same as before，See GPO_rlbty. c

==

Format of the mttf. txt

==

Just one value：MTTF

==

*** /

```
#include <math. h>
#include <stdio. h>
#include <imsl. h>

/ ** Upper limit of total # of data. To save memory, set it to 300 ** /
** If total # of data >300, need to change this ** /
#define NUM_DATA300
```

```c
/ **  Upper limit of # of covariates  ** /
#define NUM_COVARIATE 3
/ **  Upper limit of total # of parameters  ** /
/ ** 2(# baseline para) + 3(# covariates)  * 4(# of para/covariate)  ** /
#define NUM_PARA 14
double fcn_odds ( double ft) ;
double Rof T( double ft) ;
/ *** Global variables *** /
int nModelPara ;
int nData ;
int nCovariate ;
int nPara ;
double zz[ NUM_COVARIATE] ;
double xx[ NUM_PARA] ;
int main( )
{
    FILE  * fpInit,  * fpOut ;
    int i, j, iTmp ;
    double mttf, BigT, dTmp ;
    / *** Open file for read initialization data *** /
    fpInit =fopen( "init. txt " , "r" ) ;
    if ( ! fpInit)
    {
        printf( "File Open Error: init. txt. \n" ) ;
        exit (1) ;
    }
    / ** # of failure data (including censored data) ** /
    fscanf( fpInit, "%d" , &nData) ;
    / *** Error checking *** /
    if ( NUM_ DATA < nData)
```

```
    {
        printf("Error: # of failure data > %d. \n", NUM_DATA);
        printf("Need to change define in the code. \n");
        exit(1);
    }
    /** # model parameters **/
    fscanf(fpInit, "%d", &nModelPara);
    /*** Error checking ***/
    if ((6 ! = nModelPara))
    {
        printf("Error:GPO model can only have 6 parameters. \n");
        exit(1);
    }
    /** # of covariates **/
    fscanf(fpInit, "%d", &nCovariate);
    /*** Error checking ***/
    if (NUM_COVARIATE < nCovariate)
    {
        printf("Error: # of covariates > %d. \n", NUM_COVARIATE);
        printf("Need to change define in the code. \n");
        exit(1);
    }
    if (6 == nModelPara)
    nPara =2 + nCovariate * 4;
    /*** Error checking ***/
    if (NUM_PARA < nPara)
    {
    printf ("Error: # of parameters > %d. \n", NUM_PARA);
    printf ("Need to change define in the code. \n");
    exit(1);
```

```
}
/ ** Close file ** /
fclose( fpInit) ;
/ *** Open file for read initialization data *** /
fpInit = fbpen( "init2. txt" , "r" ) ;
if ( ! fpInit)
{
printf( "File Open Error: init. txt\n" ) ;
exit ( 1 ) ;
}
/ ** parameter's estimated value ** /
for ( i =0; i < nPara; i++)
fscanf( fpInit, "%lf" , &xx[ i ] ) ;
/ * estimated reliability at what stress level * /
for ( i =0; i < nCovariate; i++)
fscanf( fpInit, "%lf" , &zz[ i ] ) ;
/ ** Change stress unit from C to F ** /
/ ** In general, omit these line ** /
if ( 2 == nCovariate)
zz[ 1 ] =1. 0/ ( 273. 16 + zz[ 1 ] ) ;
else
zz[ 0 ] =1. 0/ ( 273. 16 + zz[ 0 ] ) ;
/ ************************************************** /
/ * a value that is big enough, integrate from 0 to BigT * /
fscanf( fpInit, "%lf" , &BigT) ;
/ ** Close file ** /
fclose( fpInit) ;
mttf = imsl_d_int_fcn( Rof T, 0. 0, BigT, 0) ;
fpOut = fopen( "mttf. txt" , "w" ) ;
if( ! fpOut)
```

```c
        {
            printf("File Open Error: mttf. txt. \n");
            exit (1);
        }
        fprintf(fpOut, "%e\n", mttf);
        fclose(fpOut);
        return 0;
}

double Rof T(double ft)
    {
        double cuHr, Rt;
        if (6 == nModelPara)
        cuHr = imsl_d_int_fcn(fcn_hr, 0.0, ft, 0);
        Rt = exp(-cuHr);
        return Rt;
    }
/ * GPO's Odds fcn
Given ft, return Odds function
parameters and stress level using global variable */
double fcn_odds(double ft)
    {
        double rl, r2;
        double inside_t,theta0, theta;
        double tmpB, tmpA;
        int i;
        r1 =xx[1];
        r2 =xx[2];
        tmpB =0.0;
        tmpA =0.0;
        for (i =0; i < nCovariate; i++)
```

```
{

    tmpB +=((xx[5 + i * 4] + xx[6 + i * 4] * ft) * zz[i]);

    tmpA +=((xx[3 + i * 4] + xx[4 + i * 4] * ft) * zz[i]);

}

inside_t =ft * exp(tmpB);

theta0 =(r1 + r2 * inside_t) * inside_t;

theta =theta0 * exp(tmpA);

return(theta);

}
```

四、计算基于 GPO 模型方程差—协方差矩阵的程序代码

```
/ ***************************************************

GPO_matrixVar. c

This program estimate the variance-covariance matrix

Input file:

1.  init. txt (initialization data)

2.  init2. txt (initialization data)

3.  data. txt

Output file:

matrixVar. txt

Format of the ini. ttxt

================================================

Same as before, See GPO_Model. c

Note: Only Lines 1,2,3 are used in this program

Note: This program can only calculate variance-covariance matrix

of 6 para GPO with 1 covariate, therefore, line 2 should always

be 6, line 3 should always be 1

================================================

Format of the init2. txt

================================================
```

Same as before, see GPO_rlbty. c

===

Format of the data. txt

===

Same as before, See GPO_Model. c

Note: The value of failure/censored time should be sorted.

Note: Only the covariate's value is used in this program

===

Format of the matrixVar. txt

===

6 * 6vairance-covariance matrix

Note: This file can be directly used in GPOrlbtyVar. c

===

```
**************************************************** /
#include <math. h>
#include <imsl. h>
#include <stdio. h>
/ **  Upper limit of total # of data. To save memory, set it to 300  **
 **  If total # of data > 300, need to change this  ** /
#define NUM_DATA 300
/ **  Upper limit of # of covariates ** /
#define NUM. COVARIATE 1
/ **  Upper limit of total # of parameters ** /
/ ** 2( # baseline para) + 1( # covariates)  * 4( # of para/covariate)  ** /
#define NUM_PARA 6
#define NUM_MATRIX_UEMS 36

int nModelPara;
int nData;
int nCovariate;
```

```
int nPara;
double zz[NUM_COVARIATE];
double xx[NUM_PARA];
double hr, derl_hr[NUM_PARA], der2_hr[NUM_MATRIX_ITEMS];
double cuhr, derl_cuhr[NUM_PARA], der2_cuhr[NUM_MATRD<_
ITEMS];
int jCurrent, kCurrent;
double odds_fcn(double ft);
double integ_fcn(double ft);
void der_odds_fcn(double ft);
void der_hr_fcn(double ft);
void der_cuhr_fcn(double ft);
void main()
{
int i, j, k, iTmp;
    double info_matrix[NUM_MATRD(JTEMS)];
    double BigT, tmp, dTmp;
    double * inverse_info, test[NUM_MATRIX_UEMS];
    double * x;
    double b[] ={ 1.0, 1.0, 1.0,1.0, 1.0, 1.0};
    FILE * fpInit, * fpData, * fpOut;
    / *** Open file for read initialization data *** /
    fpInit =fopen("init. txt", "r");
    if (! fpInit)
    {
        printf("File Open Error: init. txt. \n");
        exit (1);
    }
    / ** # of failure data (including censored data) ** /
    fscanf(fpInit, "%d", &nData);
```

```
printf("# Data =%d\n", nData);
/ *** Error checking *** /
if (NUM_DATA< nData)
{
    printf ("Error: # of failure data > % d. \n", NUM_DATA);
    printf ("Need to change define in the code. \n");
    exit(1);
}
/ ** # model parameters ** /
fscanf(fpInit, "%d", &nModelPara);
printf("# Model Para =%d\n", nModelPara);
/ *** Error checking *** /
if (6 ! =nModelPara)
{
    printf("Error: cal variance-covariance can only use 6 para GPO. \
n");
    exit(1);
}
/ ** # of covariates ** /
fscanf (fpInit, "%d", &nCovariate);
printf("# covariate =%d\n", nCovariate);
/ *** Error checking *** /
if (NUM_COVARIATE < nCovariate)
{
    printf("Error: # of covariates > %d. \n", NUM_COVARIATE);
    exit(1);
}
/ * this program only deal with 6 para GPO with one covariate * /
if (6 ==nModelPara)
nPara =2 + nCovariate * 4;
```

```
printf("# para =%d\n", nPara);
/ *** Error checking *** /
if (NUM_PARA < nPara)
{
    printf ("Error: # of parameters > %d. \n", NUM_PARA);
    printf ("Need to change define in the code. \n");
    exit(1);
}
/ ** Close file ** /
fclose(fpInit);
/ *** Open file for read initialization data *** /
fpInit =fopen("init2. txt", "r");
if (! fpInit)
{
    printf("File Open Error: init2. txt. \n");
    exit (1);
}
/ ** parameter's estimated value fromGPO_Model. c ** /
for (i =0; i < nPara; i++)
{
    fscanf(fpInit, "%lf", &xx[i]);
    printf("%f\n", xx[i]);
}
/ * skip stress level * /
for (i =0; i < nCovariate; i++)
fscanf(fpInit, "%lf ", &dTmp);
/ * a value that is big enough, integrate from 0 to BigT * /
fscanf(fpInit, "%lf", &BigT);
/ ** Close file ** /
fclose(fpInit);
```

```
/ * Open the data file * /
fpData =fopen("data. txt", "r");
if (! fpData)
{
    printf("File Open Error: data. txt. \n");
    exit (1);
}
for (i =0; i < NUM_MATRIX_ITEMS; i++)
    info_matrix[i] =0. 0;
/ * Loop for each item in the upper triangle of the Info matrix * /
for (jCurrent =0; jCurrent < nPara; jCurrent++)
{
    for (kCurrent =jCurrent; kCurrent < nPara; kCurrent++)
    {
        / * Reset file pointer * /
        fseek(fpData, 0L, SEEK_SET);
        for (i =0; i < nData; i++)
          {
            / * skip the failure time * /
            fscanf(fpData, "%lf"; &dTmp);
            / * read the covariate value * /
            for(j=0; j < nCovariate; j++)
                fscanf(fpData, "%lf", &zz[j]);
            / * skip censoring * /
            fscanf(fpData, "%d", &iTmp);
        / * temperarily: unit changing * /
        zz[0] =1. 0/(273. 16 + zz[0]);
        tmp =imsl_d_int_fcn(integ_fcn, 0. 0, BigT, 0);
        info_matrix[jCurrent * nPara + kCurrent] + =tmp;
        }
```

```
        }
    }
    fclose(fpData);
    /* symmetric matrix, fill lower triangle */
    for (i =0; i < nPara; i++)
        for (j =0; j < i; j++)
            info_matrix[i * nPara+j] =info_matrix[j * nPara+i];
    /* print out the information matrix */
    printf("\n\ninfo matrix\n\n");
    for (i =0; i < nPara; i++)
    {
        for (j =0; j < nPara; j++)
            printf("%e ", info_matrix[i * nPara+j]);
        printf("\n");
    }
    /* calculate the inverse */
    x =imsl_d_lin_sol_gen (nPara, info_matrix, b, IMSL_INVERSE, &inverse
_info, 0);
    fpOut =fopen("matrixVar. txt", "w");
    if (! fpOut)
    {
        printf("File Open Error: matrixVar. txt. \n");
        exit (1);
    }
    /* print the variance-covariance matrix on the screen and to file */
    printf("\n\ninverse\n\n");
    for (i =0; i < nPara; i++)
    {
        for (j =0; j < nPara; j++)
        {
```

```c
        printf("%e ", inverse_info[i * nPara+j]);
        fprintf(fpOut,"% e ", inverse_info[i * nPara+j]);
    }
    printf("\n");
    fprintf(fpOut, "\n");
}
fclose(fpOut);
/* Check the inverse is correct F * F(inverse) =I (identity) */
for (i =0; i < nPara; i++)
    for(j =0; j < nPara; j++)
        test[i * nPara+j] =0.0;
for (i =0; i < nPara; i++)
    for (j =0; j < nPara; j++)
        for (k =0; k < nPara; k++)
    test[i * nPara+j] +=info_matrix[i * nPara+k] * inverse_info[k * nPara+
j];
/* print the test result on screen */
printf("\n\ntest\n\n");
for (i =0; i < nPara; i++)
{
    for (j =0; j < nPara; j++)
        printf("%e ", test[i * nPara+j]);
        printf ("/n ");
}
}

double odds_fcn( double ft)
{
double r1, r2, a0, a1, b0, b1;
double inside_t, theta0, tmp;
double z =zz[0];
```

```
r1 =xx[1];
r2 =xx[2];
a0 =xx[3];
a1 =xx[4];
b0 =xx[5];
b1 =xx[6];
inside_t =ft * exp(b0 * z);
theta0 =(r1 + r2 * inside_t) * inside_t;
tmp =theta0 * exp((a0 + a1 * ft) * z);
return tmp;
double integ_fcn(double ft)
{
double fcn_f, fcn_g;
int i, j;
/ * odds function * /
theta =odds_fcn(ft);
/ * hazard function * /
hr =hr_fcn(ft);
/ * cumulative hazard function * /
cuhr =imsl_d_int_fcn(hr_fcn,0.0, ft, 0);
/ * derivative (1st, 2nd) of hazard function * /
der_hr_fcn(ft);
/ * derivative (1st, 2nd) of cumulative hazard function * /
der_cuhr_fcn(ft);
fcn_f =hr * exp(-cuhr);
fcn_g =-derl_hr[QCurrent] * derl_hr[kCurrent]/hr/hr+
der2_hr[jCurrent * nPara+kCurrent]/hr-der2_cuhr[jCurrent * n Para+
kCurrent];
    return (-fcn_f * fcn_g);
    void der_odds fcn(double ft)
```

```
{
    double r1, r2, a0, al, b0;
    double q0, w0, epa, epq, epw;
    double z =zz[0];
    int i;
    r1 =xx[1];
    r2 =xx[2];
    a0 =xx[3];
    al =xx[4];
    b0 =xx[5];
    q0 =a0 + b0;
    w0 =a0+ 2.0 * b0;
    epa =exp((a0 + al * ft) * z);
    epq =exp((q0 + al * ft) * z);
    epw =exp((w0 + al * ft) * z);
    derl_odds[0] =epa;
    derl_odds[1] =ft * epq;
    derl_odds[2] =ft * ft * epw;
    derl_odds[3] =z * theta;
    derl_odds[4] =ft * z * theta;
    derl_odds[5] =(rl * derl_odds[1] + 2.0 * r2 * derl_odds[2]) * z;
    / ************************************************* /
    der2_odds[0] =0.0;
    der2_odds[1] =0.0;
    der2_odds[2] =0.0;
    der2_odds[3] =z * derl_odds[0];
    der2Jir[4] =ft * z * derl_odds[0];
    der2_odds[5] =0.0;
    / ************************************************* /
    der2_odds[7] =0.0;
```

```
der2_odds[8] =0.0;
der2_odds[9] =z * der1_odds[1];
der2_odds[10] =ft * z * der1_odds[1];
der2_odds[11] =z * der1_odds[1];
/ ************************************************* /
der2_odds[14] =0.0;
der2_odds[15] =z * der1_odds[2];
der2_odds [16] =ft * z * der1_odds[2];
der2_odds[17] =2.0 * z * der1_odds[2];
/ ************************************************* /
der2_odds[21] =z * der1_odds[3];
der2_odds[22] =z * der1_odds[4];
der2_odds[23] =z * der1_odds[5];
/ ************************************************* /
der2_odds[28] =ft * z * der1_odds[4];
der2_odds[29] =ft * z * der1_odds[5];
der2_odds[35] =r1 * z * der2_odds[11] + 2.0 * r2 * z * der2_odds[17];
/ ************************************************* /
}
void der_cuhr_fcn( double ft)
{
double r1, r2, a0, a 1, b0, b1;
double q0, w0, epa, epa0, epq, epq0, epw, epw0;
double alz, alz2, alz3, ft2, ft3, al2;
double z =zz[0];
int i;
r1 =xx[0];
r2 =xx[1];
a0 =xx[2];
a1 =xx[3];
```

```
b0   =xx[4];
b1   =xx[5];
q0   =a0 + b0;
w0   =a0 + 2.0 * b0;
epa  =exp((a0 + al * ft) * z);
epa0 =exp(a0 * z);
epq  =exp((q0 + al * ft) * z);
epq0 =exp(q0 * z);
epw  =exp((w0 + al * ft) * z);
epw0 =exp(w0 * z);
alz  =al  *  z;
alz2 =alz  *  alz;
alz3 =alz2  *  alz;
ft2  =ft  *  ft;
ft3  =ft2  *  ft;
derl_cuhr[0]  =(epa-epa0)/alz;
derl_cuhr[1]  =ft/alz * epq-epq/alz2 + epq0/alz2;
derl_cuhr[2]  =(ft2-2.0 * ft/alz + 2.0/alz2)/alz * epw-2.0/alz3 * epw0;
derl_cuhr[3]  =(r0 * derl_cuhr[0] + rl * derl_cuhr[1] + r2 * derl_cuhr
[2]) * z;
derl_cuhr[5]  =(rl * derl_cuhr[lj + 2.0 * r2 * derl_cuhr[2]) * z;
der2_cuhr[0]  =0.0;
der2_cuhr[1]  =0.0;
der2_cuhr[2]  =0.0;
der2_cuhr[3]  =z * derl_cuhr[0];
der2_cuhr[4]  =(-1.0/alz + ft) * epa/al + 1.0/alz/al * epa0;
der2_cuhr[5]  =0.0;
/ ************************************************** /
der2_cuhr[7]  =0.0;
der2_cuhr[8]  =0.0;
```

der2_cuhr[9] =z * derl_cuhr[1];

der2_cuhr[10] =(-2.0 * ft/alz + ft2 + 2.0/alz2)/al * epq-2.0/alz2/al
* epq0;

der2_cuhr[ll] =der2_cuhr[9];

der2_cuhr[14] =0.0;

der2 cuhr[15] =z * derl_cuhr[2];

der2_cuhr[16] =(-3.0 * ft2/alz + ft3 + 6.0 * ft/alz2-6.0/alz3)/al *
epw+6.0/a lz3/al * epw0;

der2_cuhr[17] =2.0 * z * derl_cuhr[2];

/ ** /

derl_cuhr[4] =r0 * der2_cuhr[4] + rl * der2_cuhr[10] + r2 * der2_cuhr
[16];

/ ** /

der2_cuhr[21] =z * derl_cuhr[3];

der2_cuhr[22] =z * derl_cuhr[4];

der2_cuhr[23] =z * derl_cuhr[5];

a l2 =a l * a l;

der2_cuhr[28] =(2.0/alz/al2-2.0 * ft/al2 + ft2 * z/al) * r0 * epa-2.0 *
r0/alz/al2 * epa0+ (6.0 * ft/alz/al2-3.0 * ft2/al2 + ft3 * z/al-6.0/alz2/al2)
* rl * epq + 6.0 * rl/alz2/al2 * epq0+ (12.0 * ft2/alz/al2-4.0 * ft3/al2 + ft2
* ft2 * z/al-18.0 * ft/alz2/al2 + 24.0/alz3/al2-6.0 * ft/alz2/al2) * r2 *
epw-24.0 * r2/alz3/al2 * epw0;

der2_cuhr[29] =rl * z * der2_cuhr[10] + 2.0 * r2 * z * der2_cuhr[16];

der2_cuhr[35] =rl * z * der2_cuhr[ll] + 2.0 * r2 * z * der2_cuhr[17];

}

五、基于 GPO 模型所估计得到的可靠度的标准差的计算程序代码

/ ***

GPO_rlbtyVar. c

This program estimate stadard deviation of estimated reliability

Input file:

1. init. txt (initialization data)

2. init2. txt (Initialization data)

3. data. txt (failure/censored data with corresponding covariates)

Output file:

rlbtyVar. txt

==

Format of the init. txtSame as before, See GPO_Model. c

Note: Only Lines 1, 2,3 are used in this program

Note: This program can only calculate stadard deviation of estimated

reliability of GPO with 1 covariate, Therefore, Line 2

should always be 6, line 3 should always be 1

==

Format of the init2. txt

==

Same as before, See GPO_rtbty. c

Note: Only Line 1 to m+k are used in this program

==

Format of the data. txt

==

Same as before, See GPO_Model. c

Note: The value of failure/censored time should be sorted.

Note: Only the failure time is used in this program

==

Format of the rlbtyVar. txt

==

Print out standard deviation and 95% confidence interval at failure time

==

```
********************************************************** /
#include <math. h>
#include <imsl. h>
#include <stdio. h>
/ ** Upper limit of total # of data. To save memory, set it to 300 **
** If total # of data > 300, need to change this ** /
#define NUM. DATA 300
/ ** Upper limit of # of covariates ** /
fdefine NUM_COVARIATE 1
/ ** Upper limit of total # of parameters ** /
/ ** 2 ( # baseline para) + 1 ( # covariates)  *  3 ( # of para/covariate)
** /
#define NUM. PARA 6
#define NUM_MATRIX_UEMS 36
int nModelPara;
int nData;
int nCovariate;
int nPara;
double zz[ NUM_COVARIATE ];
double xx[ NUM_PARA ];
double cuhr, derl_cuhr[ NUM_PAPA ];
double odds_fcn( double ft) ;
double hr_fcn( double ft) ;
void der_cuhr_fcn( double ft) ;
void main( )
{
int i, j, k, iTmp;
double var_matrix[ NUM_MATRIX_ITEMS ];
double f_ime, tmpD, dTmp;
FILE * fpInit, * fpData, * fpOut;
```

```
/ *** Open file for read initfalization data *** /
fpInit =fopen("init. txt", "r");
if (! fpInit)
{
    printf("File Open Error: init. txt. \n");
    exit (1);
}
/ ** # of failure data (induding censored data) ** /
fscanf(fpInit, "%d", &nData);
printf ("# Data =%d\n", nData);
/ *** Error checking *** /
if (NUM_DATA < nData)
{
    printf("Error: # of failure data > %d. \n", NUM_DATA);
    printf("Need to change define in the code. \n");
    exit(1);
}
/ ** # model parameters ** /
fscanf(fpInit, "%d", &nModelPara);
printf("# Model Para =%d\n", nModelPara);
/ *** Error checking *** /
if (6 ! =nModelPara)
{
    printf("Error: cal variance-covariance can only use 6 para GPO. \
n");
    exit(1);
}
/ ** # of covariates ** /
fscanf(fpInit, "%d", &nCovariate);
printf("# covariate =%d\n", nCovariate);
```

```c
/ *** Error checking *** /
if ( NUM_COVARIATE < nCovariate)
{
    printf("Error: # of covariates > %d. \n" , NUM_COVARIATE) ;
    exit(1) ;
}
/ *  this program only deal withGPO with one covariate  * /
if ( 6  ==nModelPara)
nPara =2 + nCovariate * 4;
printf("# para =% d\n", nPara) ;
/ *** Error checking *** /
if ( NUM. PARA < nPara)
{
    printf("Error: # of parameters > %d. \n" , NUM_PARA) ;
    printf("Need to change define in the code. \n" ) ;
    exit(1) ;
}
/ ** Close file ** /
fclose( fpInit) ;
/ *** Open file for read initialization data  *** /
fpInit =fopen("init2. txt" , "r" ) ;
if ( ! fpInit)
{
    printf("File Open Error: init2. txt. \n" ) ;
    exit (1) ;
}
/ ** parameter's estimated value from GPO_Model. c ** /
for ( i =0; i < nPara; i++)
{
    fscanf( fpInit, "%lf" , &xx[i]) ;
```

```
        printf( "%f\n" , xx[ i ] ) ;
    }
    / *  estimated reliability at what stress level  * /
    for ( i =0; i < nCovariate; i++)
        fscanf( fpInit, "%lf" , &zz[ i ] ) ;
    / **  Change stress unit from C to F  ** /
    / **  In general, omit this line **  /
    zz[ 0 ]  =1. 0/( 273. 16 + zz[ 0 ] ) ;
    / **  Close file  ** /
    fclose( fpInit) ;
    / ***  Open file for read variance-covariance matrix  *** /
    fpInit =fopen( " matrixVar. txt" , " r" ) ;
    if ( !  fpInit)
    {
        printf( " File Open Error: matrixVar. txt. \n" ) ;
        exit ( 1 ) ;
    }
    for ( i =0; i < nPara; i++)
        for ( 0 =0; j < nPara; j++)
    fscanf( fpInit, " %lf" , &var_matrix[ i * nPara+j ] ) ;
    / **  Close file ** /
    fclose ( fpInit) ;
    / *  open the data file  * /
    fpData =fopen( " data. txt" , " r" ) ;
    if ( !  fpData)
    {
        printf( " File Open Error: data. txt. \n" ) ;
        exit ( 1 ) ;
    }
    / *  open the output file for write the results  * /
```

```
fpOut =fopen("rlbtyVar. txt", "w");
if (! fpOut)
{
printf("File Open Error: rlbtyVar. txt. \n");
exit (1);
}
for (i =0; i < nData; i++)
{
    fscanf(fpData, "%lf", &f_time);
    /** estimate reliability variance at time point 1,2,⋯ nData **/
    /** In general, if estimate reliability variance at
    /* failure time, omit this line **/
    f_tim e =i;
    /* Skip the covariate level and censoring data */
    for (j =0; j < nCovariate; j++)
        fscanf(fpData, "%lf", &dTmp);
    /* Skip censoring or not */
    fscanf(fpData, "%d",&iTmp);
    /* cumulative hazard function */
    cuhr =imsl_d_int_fcn(hr_fcn, 0.0, f_time, 0);
    der_cuhr_fcn(f_time);
    /* 1st derivative of cumulative hazard function */
    for (j =0; j < nPara; j++)
        der1_cuhr[j] =-exp(-cuhr) * derl_cuhr[j];
    tmpD =0.0;
    for (j =0; j < nPara; j++)
        for (k =0; k < nPara; k++)
            tmpD + =var_matrix[j * nPara+k] * derl_cuhr[j] * derl_
cuhr[k];
    printf("%3.0f:%f:%e:%e:%e \n", f_time, exp(-cuhr), tmpD, sqrt
```

```
(tmpD), 1.96 * sqrt(tmpD));
    /* print out the std deviation and 95% interval */
    fprintf(fpOut, "%15.7e %15.7e\n", sqrt(tmpD), 1.96 * sqrt(tmpD));
    }
    fclose(fpData);
    fclose(fpOut);
}

    double odds_fcn(double ft)
    {
    double rl, r2, a0, al, b0, b1;
    double inside_t, theta0, tmp;
    double z =zz[0];
    r1 =xx[0];
    r2 =xx[1];
    a0 =xx[2];
    al =xx[3];
    b0 =xx[4];
    b1 =xx[5];
    inside_t =ft * exp(b0 * z);
    theta0 =(r l + r2 * inside_t) * inside_t;
    tmp =theta0 * exp((a0 + al * ft) * z);
    return tmp;
    }
    void der_cuhr_fcn(double ft)
    {
    double rl, r2, a0, al, b0, b1;
    double q0, w0, epa, epa0, epq, epq0, epw, epw0;
    double alz, alz2, alz3, ft2, ft3, a!2; double tmp4, tmp9, tmp13;
    double z =zz[0];
    r0 =xx[0];
```

```
rl  =xx[1];
r2  =xx[2];
a0  =xx[3];
al  =xx[4];
b0  =xx[5];
q0  =a0 + b0;
w0  =a0 + 2.0 * b0;
epa  =exp((a0 + al * ft) * z);
epa0  =exp(a0 * z);
epq  =exp((q0 + al * ft) * z);
epq0  =exp(q0 * z);
epw  =exp((w0 + al * ft) * z);
epw0  =exp(w0 * z);
alz  =al * z;
alz2  =alz * alz;
alz3  =alz2 * alz;
ft2  =ft * ft;
ft3  =ft2 * ft;
/ ************************************************ /
derl_cuhr[0]  =(epa-epa0)/alz;
derl_cuhr[1]  =ft/alz * epq-epq/alz2 + epq0/alz2;
derl_cuhr[2]  =(ft2/alz - 2.0 * ft/alz2 + 2.0/alz3)  *  epw - 2.0/alz3
* epw0;
    derl_cuhr[3]  =(r0 * derl_cuhr[0] + rl * derl_cuhr[1] + r2 * derl_cuhr
[2]) * z;
    derl_cuhr[5]  =(rl * derl_cuhr[lj] + 2.0 * r2 * derl_cuhr[2]) * z;
/ ************************************************ /
tmp4 = (-1.0 /alz + ft) * epa/al + 1.0/alz/al * epa0;
tmp9 = (-2.0 * ft/alz + ft2 + 2.0/alz2)/al * epq-2.0/alz2/al * epq0;
tmp13 = (-3.0 * ft2/alz + ft3 + 6.0 * ft/alz2-6.0/alz3)/al * epw+ 6.0/alz3/
```

al * epw 0;

    derl_cuhr[4] = r0 * tmp4 + rl * tmp9 + r2 * tmp13;

        }

附录 2 本书缩写释义

POM	Proportional Odds Model	比例优势模型
GPOM	Generalized Proportional Odds Model	广义比例优势模型
PHM	Proportional Hazard Model	比例危险模型
GAPHM	Generalized Additive Proportional Hazard Model	广义可加比例危险模型
ELHRM	Extended Linear Risk Hazard Regression Model	广义线性危险回归模型
AFTM	Accelerated Failuer Time Model	加速失效时间模型
ALT	Accelerated Lifetime Test	加速寿命试验
MTTF	Mean Time To Failure	平均失效时间
MTBF	Mean Time Between Failures	平均无故障工作时间
CEM	Cumulative Exposure Model	累积损伤模型
COBYLA	Constrained Optimization BY Linear Approximations	线性近似约束优化算法

参考文献

[1] Alhadeed, A., Yang S. S. Optimal simple step-stress plan for cumulative exposure model using log-normal distribution, IEEE Transactions on Reliability, 2005 (25): 64-68.

[2] Andersen, P. K. Testing Goodness of Fit of Cox's Regression and Life Model. Biometrics, 1982, 38: 67-77.

[3] Andersen, P. K., Borgan, O., Gill, R., Keiding, N. Statistical models based on counting processes. Springer, New York, 1992.

[4] Aranda - Ordaz, F. J. "On Two Families of Transformations to Additively for Binary Response Data", Biometrics, 1981, 68 (2): 357-363.

[5] Bagdonavieius, V., Nikulin, M. Accelerated Life Models: Modeling and Statistical Analysis, Chapman & Hall, 2001.

[6] Bagdonavieius, V., Nikulin, M. Accelerated life models. Chapman & Hall/CRC: Boca Raton, 2002.

[7] Bai, D. S., Cha, M. S., Chung, S. M., Optimam simple ramp-tests for the W eibull distribution and Type-1 censoring, IEEE Trans, Reliability, 1992, R-41 (3).

[8] Bai, D. S. and Chun, Y. R. Optimum simple step-stress accelerated life tests with competing causes of failure. IEEE Transactions on Reliability, 1991, 40: 622-627.

[9] Bai, D. S., Kim, M. S. and Lee, S. H. Optimum simple step-stress accelerated life tests with censoring. IEEE Transaction on Reliability, 1989, 38: 528-532.

[10] Bennett, S. Analysis of survival data by the proportional odds model.

Statistic in Medicine, 1983a, 2: 273-277.

[11] Bennett, S. (1983b). Log-logistic regression models for survival data. Apply Statistic, 32, 165-171.

[12] Bhattachargga, G. K, Soejoeti, Z. A., (1989). A tampered failurerate model for step-stress accelerated life test. Communications in Statistics Theorg & Methoa, 18 (5): 1627-1643.

[13] Bickel, P. J., (1986). Efficient testing in a class of transformation models. In: Papers on Semiparametric Models at the ISI Centenary Series, Amsterdam, 63-81.

[14] Brian J. Reich, C, Bondell, (2008). Bayesian Variable selection for nonparametric regression model, www. stat. ncsu. edu/paper/Reich/.

[15] Brass, W., (1971). On the Scale of Mortality, In: Brass, W., editor. Biological Aspects of Mortality, Symposia of the Society for the Study of Human Biology. Volume X. London: Taylor & Francis Ltd. 69-110.

[16] Brass, W., (1974). Mortality models and their uses in demography. Transactions of the Faculty of Actuaries, 33, 122-133.

[17] Bugaighis M M. (1995). Exchange of censorship types and its impact on the estinmtion of parameter of a Weibull regression model. IEEE Transactions on Reliability, 44 (3), 496-499.

[18] Cheng, S. C., Wei, L. J., Ying, Z., (1995). Analysis of transformation models with censored data. Biometrika, 82, 835-845.

[19] Chernoff, H., (1962), Optimal accelerated life design for estimation. Technometrics, 4, 381-408.

[20] Conti, et al., (2006) Transgenic mice with a reduced core body temperature have an increased life span. Science 314, 825-828.

[21] Cox, D. R. (1972) Regression models and life-tables (with discussion), Journal of the Royal Statistieal Society. Series B, 34, 187-220.

[22] Cox, D. R. and Oakes, D., (1984) Analysis of Survival Data. Monographs on Statistics and Applied Probability. London: Chapman and Hall.

[23] Dabrowska, D. M., Doksum, K. A., (1988a). Estimation and

testing in a two-sample generalized odds-rate model. J. Amer. Statist. Assoc. 744-749.

[24] Dabrowska, D. M., Doksum, K. A., (1988b). Partial likelihood in transformation models with censored data. Scand. J. Statist. 15, 1-23.

[25] Donoho, D. L., Liu, R. C., (1988a). The "automatic" robustness of minimum distance functionals. Ann. Statist. 16, 552-586.

[26] Donoho, D. L., Liu, R. C., (1988b). Pathologies of some minimum distance estimators. Ann. Statist. 16, 587-608.

[27] Elsayed, E. A., (1996) Reliability Engineering. Massachusetts: Addison-Wesley.

[28] Elsayed, E. A and Chan, C. K., (1990) Estimation of Thin-Oxide Reliability Using Proportional Hazards Models. IEEE transactions on reliability, 39, No. 3, 123-131.

[29] Elsayed, Liao and Wang, (2006) An Extend linear hazard regression model with application to time dependent dielectric breakdown of thermal oxide. IIE, 38, 329-340.

[30] Elsayed, E. A. and Zhang, H., (2005a) Design of optimum reliability test plans under multiple stresses. QUALITA 2005, Quality and Dependability, Bordeaux, France, March 16-18.

[31] Elsayed, E. A. and Zhang, H., (2005b) Reliability prediction using accelerated life testing plans. Proceedings of the 4th International Conference on Quality and Reliability, ICQR2005, Beijing, China, August 9-11, 695-703 (Keynote Speaker).

[32] Elsayed, E. A. and Zhang, H., (2005c) Design of optimum simple step-stress accelerated life testing plans. Proceedings of 2005 International Workshop on Recent Advances in Stochastic Operations Research. Canmore, Canada.

[33] Elsayed, E. A., and Zhang, H. (2009), Design of optimum multiple-stress accelerated life testing plans based on proportional odds model. International Journal of Product Development, 7, 186-198.

[34] Etezadi-Amoli, J. and Ciampi, A. (1987), Extended Hazard Re-

gression for Censored Survival Data with Covariates: A Spline Approximation for the Baseline Hazard Function. Biometrics, 43, 181-192.

[35] Ge Guangping, Ma Haixun, He Youhua. (1994), Data analyses for accelerared life test using step stress and Weibull distribution. ICRMS, Beijing.

[36] Gill, R., (1983). Large sample behaviour of the product limit estimator on the whole line. Ann. Statist. 11, 49-58.

[37] Gray, Edward, T., (1996) The impact of deviations from the proportional hazards assumption on power in the analysis of survival data. Unpublished M. P. H. Thesis, Department of Biostatistics, Rollins School of Public Health, Emory University, USA.

[38] Hastie, T. and Tibshirani, R. (1990), Generalized Additive Models, London and New York: Chapman and Hall.

[39] Hastie, T. and Tibshirani, R. (1993), Varying-Coefficient Models. J. R. Statist. Soc. B, 55 (4), 757-796.

[40] Huang J, (1995) Maximum likelihood estimation for proportional odds regression model with current status data. IMS Lecture notes-Monograph series Volume 27. 13-18.

[41] Huang, T. and Jiang, T., (2008) An ALT proportional hazard-proportional odds model. Proceedings of the 11th ISSAT International Conference on Reliability and Quality in Design, St. Louis, Missouri, USA.

[42] HUANG T, JIANG T. (2009) An Extended Proportional Hazards-Proportional Odds Model in Accelerated Life Testing, Maintainability and Safety, July 21st-25th. China: Chengdu.

[43] Jayawardhana, A. A.; and Samaranayake, (2003) Prediction Bounds in Accelerated Life Testing: Weibull Models with Inverse Power Law. Journal of Quality Technology 35, 89-103.

[44] Jin, Z., Lin, D. Y., Wei, L. J. and Ying, Z. L. (2003) Rank-based inference for the accelerated failure time model. Biometrika, 90, 341-353.

[45] Hirose H. (1993). Estimation of threshold stress in accelerated life testing. IEEE Transactions on Reliability. 42 (4), 650-657.

［46］Kalbfleisch, J. D. and Prentice, R. L. (1973), Marginal Likelihoods Based on Cox's Regression and Life Model. Biometrika, 60, 267–278.

［47］Kalbfleisch, J. D., Prentice, R. L., (1980). The Statistical Analysis of Failure Time Data. Wiley, New York.

［48］Kalbfleisch, J. D., Prentice, R. L., (2002). The Statistical Analysis of Failure Time Data, second. Wiley, New York.

［49］Khanns I H, Higgins J J. (1996). Optimum 3–step step–stress tests. IEEE Transactions on Reliability, 45 (2): 341–345.

［50］Klein, J. P. and Moeschberger, M. L., (1997) Survival Analysis: Techniques for Censored and Truncated Data. Springer, New York.

［51］Koul, H. L., (1985). Minimum distance estimation in multiple linear regression. Sankhya Ser. A 47 (I), 57–74.

［52］Koul, H. L., (2002). Weighted Empirical Processes in Dynamic Nonlinear Models, second ed. Lecture Notes in Statistics, vol. 166, Springer, New York.

［53］Koul, H. L., DeWet, T., (1983). Minimum distance estimation in a linear regression model. Ann. Statist. 11, 921–932.

［54］Lee, T. E. (1992) Statistical Methods for Survival Data Analysis, John Wiley & Sons.

［55］Leemis, L. M., (1995) Reliability: Probabilistic Models and Statistical Methods. New York: Prentice. Hall.

［56］Leng C. and Zhang. H., (2006) Model selection in nonparametric hazard regression. Nonparametric Statistics, 18, No. 78, 417–429.

［57］Lin, D. Y., Ying, Z., (1995). Semiparametric inference for the accelerated life model with time–dependent covariates. J. Statist. Plann. Inference, 44, 47–63.

［58］Lin Y, Zhang H., (2006) Component selection and smoothing in smoothing spline analysis of variance models. Annals of Statistics, 34, 2272–2297.

［59］Lin Zhengning, Fei Heliang. (1987) Statistical inference from progressive stress accelerated life tests. Proceedings of China–Japan Reliability Sym-

posium, Shanghai.

[60] Lin Zhengning , Fei Heliang. (1991) A nonparametric approach to progressive stress accelerated life testing . IEEE Transactions on Reliability, 1991, 40 (2): 173-176.

[61] Lloyd D. Fisher and D. Lin., (1999) Time dependent covariates in the Cox proportional hazard regression model. Annu. Rev. Public Health. 20: 145-157.

[62] Mann, N. R., Schafer, R. E. and Singpurwallar, N. D. (1974), Methods for Statistical Analysis of Reliability and Life Data, John Wiley & Sons, New York.

[63] Maranowski, M. M. and Cooper, J. A. (1999) Time Dependent Dielectric Breakdown Measurements of Thermal Oxides on 6H-SiC. Working Paper, School of Electrical and Computer Engineering, Purdue University.

[64] Mazzuchi T A. Soyer R. (1990). Dynamic models for statistical inference from accelerated life tests. IEEE Proceedings of Annual Reliability and Maintainability Symtxsium. 67-70.

[65] McLinn J A. (1999). New analysis methods of multilevel accelerated life tests. IEEE Proceedings of Annual Reliability and Maintainability Symposium, 38-42.

[66] Meeker, W. Q. and Escobar, L. A. (1998) Statistical Methods for Reliability Data, John Wiley and Sons, Inc.

[67] Meeker, W. Q. and Escobar, L. A., (1999) Accelerated Life Tests: Concepts and Data Analysis in A Systems Approach to Service Life Prediction of Organic Coatings. Washington: American Chemical Society, D. R. Bauer and J. W. Martin, Editors.

[68] Meeker, W. Q. and Nelson. W., (1975), Optimum accelerated life-tests for the Weibull and extreme value distributions. Reliability, IEEE Transactions on. R-24, 5, 321-332.

[69] Mettas, A., (2000) Reliability allocation and optimization for complex systems. Proceedings Annual Reliability and Maintainability Symposium.

216-221.

［70］Miller, R., Nelson, W. B., (1983), Optimum simple step-stress plans for accelerated life testing. IEEE Trans. Reliability, 32 (1): 59-65.

［71］Murphy, S. A., Rossinini, A. J., Van der Waart, A. W., (1997), Maximum likelihood estimation in the proportional odds model. J. Amer. Statist. Assoc. 92, 968-976.

［72］Nelson, W. B., (1980), Accelerated life testing-step-stressmodels and data analysis. IEEE Transactions on Reliability, 29 (2): 103-108.

［73］Nelson, W., (1990), Accelerated Testing: Statistical Models, Test Plans, and Data Analyses, New York: John Wiley & sons, Inc.

［74］Nelson, W. B., Kielpinski, T. J., (1976), Theory for optimum censored accelerated life tests for Normal ana Lognormal Distributions, Technometrics, Vol. 18, No. 1.

［75］Nelson, W. Meeker, W. Q. (1978), Theory for Optimum Accelerated Censored Life Tests for Weibull and Extreme Value Distributions. Technometrics, Vol. 20, No. 2, 171-178.

［76］Parr, W. C., Schucany, W. R., (1980), Minimum distance and robust estimation. J. Amer. Statist. Assoc. 75, 616-624.

［77］Park, J. W., and Yum, B. J. (1996), Optimum design of accelerated life tests with two stresses. Naval Research Logistic, 43, 863-884.

［78］Patrick D. T. O'Connor, (2008), Practical Reliability Engineering. Fourth Edition, Wiley, New York.

［79］Pettitt, A. N., (1984), Proportional odds models for survival data and estimates using ranks. Appl. Statist. 33, 169-175.

［80］Prentice R. L., (1978), Linear rank tests with right censored data. Biometrica, 65, 167-179.

［81］Rajeshwari Sundaram, (2006), Semiparametric inference for the proportional odds model with time-dependent covariates. Journal of Statistical Planning and Inference 136, 320-334.

［82］Reneke, J. A., (1970), A product integral solution of a Stieljes-

Volterra integral equation. Proc. Amer. Math. Soc. 24, 621–626.

［83］Robins, J. and Tsiatis, A. A. (1992), Semiparametric Estimation of an Accelerated Failure Time Model with Time–dependent Covariates. Biometrika. 79, 311–319.

［84］Rossini, A. J., Tsiatis, A. A., (1996), A semiparametric proportional odds regression model for the analysis of current status data. J. Amer. Statist. Assoc. 91, 713–721.

［85］Schemper, M. (1992), Cox Analysis of Survival Data with Non–proportional Hazard Functions. The Statistician, 41, 455–465.

［86］Serfling, R. J., (1980), Approximation Theorems of Mathematical Statistics, John Wiley & Sons.

［87］Shyur, H., Elsayed, E. A. and Luxhoj, J. T. (1999), General Model for Accelerated Life Testing with Time–Dependent Covariates. Naval Research Logistics. 46 (2), 169–186.

［88］Sundaram, R., (2003), Minimum distance estimation in doubly censored scale model. J. Statist. Plann. Inference 115, 657–681.

［89］Sundarm, R., (2009), semi parametric inference for proportional odds model with time dependent covariates. Journal of statistical planning and inference, 139, 1380–1393.

［90］Tang L C, Sun Y S, et al. (1996). Analysis of step–stress accelerated lifetest data: A new approach. IEEE Transactions on Reliability, 45 (1), 69–74.

［91］Tyoskin O I, Krivolapov S Y. (1996). Nonparan mtric model for step–stress accelerated life testing IEEE Transactions on Reliability, 45 (2), 346–350.

［92］Verweij, P. J. and van Houwelingen, H. C. (1995), Time–dependent Effects of Fixed Covariates in Cox Regression. Biometrics, 51, 1550–1556.

［93］Wang W., Kececioglu D B. (2000). Fitting the Weibull log–linear model to accelerated life test data. IEEE Transactions on Reliability, 49 (2), 217–223.

［94］Wang, X., (2004), An Extended Hazard Regression Model for Accelerated Life Testing with Time Varying Coefficients. Thesis（PhD）. Rutgers University，USA.

［95］Watkins A J Review：Likelihood method for fitting Weibull log-linear models to accelerated life test data. IEEE Transactions on Reliability，1994，43（3）：361-365.

［96］Wilks，S. S.（1938）. The Large-Sample Distribution of the Likelihood Ratio for Testing Composite Hypotheses. The Annals of Mathematical Statistics，1，60-62.

［97］Xu，H.，and Fei，H.（2007），Planning step-stress accelerated life tests with two experimental variables，IEEE Transactions on Reliability，56，569-579.

［98］Yan Guangbin，（1994），Optimum constant-stress accelerated life test plans. IEEE Trans，Reliability，Vol. R-43，No. 4.

［99］Yang，S.，Prentice，R. L.，（1999），Semiparametric inference in the proportional odds regression model. J. Amer. Statist. Assoc. 94，125-136.

［100］Yin Xiangkang，Sheng Baozhong，（1987），Some aspects of accelerated life testing by progressive stress. IEEE Trans，Reliability，Vol. R-36，No. 1.

［101］Zhang，H.，（2007），Modeling and Planning Accelerated Life Testing with Proportional Odds. Thesis（PhD）. Rutgers University，USA.

［102］Zhang，H. and Elsayed，E. A.，（2005），Nonparametric accelerated life testing based on proportional odds model. Proceedings of the 11th ISSAT International Conference on Reliability and Quality in Design，St. Louis，Missouri，USA，August 4-6.

［103］Zucker，D. M.，and Karr，A. F.（1990），Nonparametric Survival Analysis with Time-dependent Covariate Effects：A Penalized Partial Likelihood Approach. The Annals of Statistics，Vol. 18，No. 1，329-353.

［104］GB 2689 1-81. 恒定应力寿命试验和加速寿命试验方法总则. 中华人民共和国国家标准. 1981. 10.

［105］GB 2689 2-81 寿命试验和加速寿命试验的图估计法（用于威布尔分布）. 中华人民共和国国家标准. 1981. 10.

［106］GB 2689 3-81. 寿命试验和加速寿命试验的简单线性无偏估计法（用于威布尔分布）. 中华人民共和国国家标准. 1981. 10.

［107］GB 2689 4-81. 寿命试验和加速寿命试验的最好线性无偏估计法（用于威布尔分布）. 中华人民共和国国家标准. 1981. 10.

［108］GB 10681-89 普通照明灯泡. 中华人民共和国国家标准. 1989.

［109］鲍进，周超，田正其，纪峰，宋锡强，马粉莲，吴建国，丁发根. 高加速寿命试验在智能电能表可靠性研究中的应用. 电测与仪表，2014（19）：17-23.

［110］毕然，武东. Weibull 分布恒定应力加速寿命试验的 Bayes 估计. 纯粹数学与应用数学，2014，1：93-99.

［111］查国清，黄小凯，康锐. 基于多应力加速试验方法的智能电表寿命评估. 北京航空航天大学学报，2015，12：2217-2224.

［112］陈迪. 步进应力加速寿命试验的比例失效率模型. 首届中国运筹学会青年可靠性学术会议论文集. 北京：机械工业出版社，1994.

［113］陈家鼎. 生存分析与可靠性引论. 合肥：安徽教育出版社，1993.

［114］陈文华. Weibull 寿命型产品可靠性加速验证试验方法. 浙江大学学报，2001，35（1）：5-8.

［115］陈文华. 航天电连接器可靠性试验和分析的研究. 浙江大学博士学位论文，1997.

［116］陈文华，冯红艺，钱萍，等. 综合应力加速寿命试验方案优化设计理论与方法. 机械工程学报，2006，42（12）：101-105.

［117］陈文华，李红石，连文志，潘骏，卢献彪. 航天电连接器环境综合应力加速寿命试验与统计分析. 浙江大学学报（工学版），2006，2：348-351.

［118］陈文华，钱萍，马子魁，等. 基于定时测试的综合应力加速寿命试验方案优化设计. 仪器仪表学报，2009，30（12）：2544-2550.

［119］刘俊俊. 电连接器贮存可靠性加速寿命试验研究. 浙江理工大学硕士学位论文，2009.

［120］陈文华，刘俊俊，潘骏，等. 步进应力加速寿命试验方案优化

设计理论与方法. 机械工程学报, 2010, 46 (10): 182-187.

[121] 陈文华, 程耀东. 对数正态分布时恒定应力加速寿命试验方案的优化设计. 仪器仪表学报, 1998, 5: 555-561.

[122] 陈文华, 程耀东. 威布尔分布下恒定应力加速寿命试验方案的优化设计. 浙江大学学报 (工学版), 1999, 33 (4): 337-342.

[123] 陈学刚. 可靠性发展面临的几个问题. 质量工作, 2006 (2): 35-41.

[124] 程依明. 步进应力加速寿命试验的最优设计, 应用概率统计, 1994, 10 (1): 52-59.

[125] 戴树森. 可靠性试验及其统计分析. 北京: 国防工业出版社, 1983.

[126] 董立锋, 唐玉娜. 广义指数分布基于恒加寿命试验数据的统计分析. 杭州师范大学学报 (自然科学版), 2012, 1: 60-64.

[127] 樊爱霞, 杨春燕. 对数正态分布恒加寿命试验在带有随机移走的定时截尾模型下的优化设计. 云南大学学报 (自然科学版), 2009, 5: 444-448.

[128] 费鹤良, 等. 固体钽电解电容器序进应力加速寿命试验, 应用概率统计, 1991, 7 (3): 330-335.

[129] 付永领, 韩国惠, 王占林, 陈娟. 气缸双应力恒加试验的优化设计. 机械工程学报, 2009, 11: 288-294.

[130] 葛广平, 刘立喜. 竞争失效产品恒定应力加速寿命试验的优化设计. 应用概率统计, 2002, 3: 260-268.

[131] 葛广平, 马海训. Weibull 分布场合下步进应力加速寿命试验的统计分析. 数理统计与应用概率, 1992, 7 (2): 150-159.

[132] 顾龙全, 周晓东, 汤银才. 指数分布场合恒加试验缺失数据的Bayes统计分析. 高校应用数学学报 (A 辑), 2006, 2: 183-190.

[133] 管强, 程依明. 多元指数分布下恒定应力加速寿命试验的优化设计. 三明学院学报, 2009, 2: 135-142.

[134] 管强, 汤银才, 邱锦明. 广义指数分布下恒定应力加速寿命试验的贝叶斯分析. 数学的实践与认识, 2014, 4: 188-196.

[135] 郭建英. 产品或系统的寿命分布类型统计推断问题. 哈尔滨科学技术大学博士学位论文, 1996.

[136] 郭峻. 对步进应力加速寿命试验的实施和讨论. 应用概率统计, 1988, 4 (3): 327-331.

[137] 海卫华. 一种基于在线预测的航天产品热待机剩余寿命评估方法研究. 航天制造技术, 2012, 4.

[138] 何友谊, 武鹤. 双参数指数分布下一般序进应力加速寿命试验的统计分析. 重庆文理学院学报 (自然科学版), 2010, 5: 8-11.

[139] 贺国芳. 可靠性数据的收集与分析. 北京: 国防工业出版社, 1995.

[140] 贾新章, 高雪莉, 宋军建. 对数正态概率纸的自动生成和分布参数的自动提取. 电子产品可靠性与环境试验, 2004 (1): 24-27.

[141] 金星. 可靠性数据计算及应用. 北京: 国防工业出版社, 2002.

[142] 荆红. 可靠性试验统计方法研究. 北京航空航天大学硕士学位论文, 2002.

[143] 胡思平, 罗兴柏, 艾志利. 三参数威布尔分布条件下的无线电引信步进应力加速寿命试验与数据处理. 探测与控制学报, 2000, 22 (2): 37-40.

[144] 刘立喜, 葛广平. 竞争失效产品定时截尾简单恒加寿命试验的优化设计. 应用概率统计, 1998, 14 (3): 301-306.

[145] 刘立喜, 葛广平. 竞争失效产品步进应力加速寿命度验的优化设计. 应用概率统计, 1999, 15 (3): 351-362.

[146] 李道清, 王德元. 某无线电引信加速寿命试验研究. 探测与控制学报, 2000, 22 (4): 57-60.

[147] 李良巧, 冯欣. 可靠性工程概述. 四川兵工学报, 2003, 2: 6-10.

[148] 李强, 贾云霞. Visual C++项目开发实践. 北京: 中国铁道出版社, 2003.

[149] 林静, 韩玉启, 朱慧明. 一种随机截尾恒加寿命试验的贝叶斯评估. 系统工程与电子技术, 2007, 2: 320-323.

[150] 卢秋红, 董少峰, 张亚. 弹药步进应力加速寿命试验数据处理

方法探讨. 探测与控制学报, 2000, 22（1）: 47-50.

[151] 吕萌, 蔡金燕, 潘刚, 张国龙, 李伟. 双应力交叉步降加速寿命试验优化设计 Monte-Carlo 仿真. 电光与控制, 2013, 10: 96-101.

[152] 马海训, 葛广平. 对数正态分布场合序进应力加速寿命试验数据的统计分析. 河北师范大学学报, 1991, 2: 61-66.

[153] 马海训, 李彩霞. 对数正态分布场合下步进应力加速试验模型和数据分析方法. 应用数学, 1996, 9（1）: 39-41.

[154] 马海训, 秘自强, 张和平. 黑白电视机的温度步进加速寿命试验. 应用概率统计, 1994, 10（4）: 442-445.

[155] 马济乔, 李洪儒, 许葆华. 基于多目标参数的液压设备恒定应力加速寿命试验设计. 海军工程大学学报, 2014, 5: 29-33.

[156] 茆诗松. 寿命数据中的统计模型与方法. 北京: 中国统计出版社, 1996.

[157] 茆诗松. 指数分布场合下步进应力加速寿命试验的统计分析. 应用数学学报, 1985, 8（3）: 311-316.

[158] 茆诗松, 汤银才, 王玲玲. 可靠性分析. 北京: 高等教育出版社, 2008.

[159] 沈最意, 徐和坤. 对数正态分布场合下循环序进应力加速寿命试验的统计分析. 浙江海洋学院学报（自然科学版）, 2003, 22（3）: 254-258, 264.

[160] 沈最意. 循环序进应力加速寿命试验的统计分析. 电子产品可靠性与环境试验, 2006, 4: 50-52.

[161] 施方, 葛广平. Weibull 分布场合下简单步进应力加速寿命试验的最优设计. 上海大学学报, 1998, 4（3）: 247-252.

[162] 施方, 葛广平. Weibull 分布和极值分布场合下简单步进应力加速寿命试验的最优设计. 上海大学学报, 1998, 4（4）: 248-249.

[163] 宋扬, 袁胜智, 曲凯. 空空导弹电子产品加速寿命试验模型研究及应用. 海军航空工程学院学报, 2012, 6: 689-692.

[164] 孙利民, 张志华. Weibull 分布下恒定应力加速寿命的试验分析. 江苏理工大学学报（自然科学版）, 2000, 21（4）: 78-81.

［165］汤银才，费鹤良.序进应力加速寿命试验参数估计的一种新方法.上海师范大学数学系技术报告，1994.

［166］汤银才，费鹤良.Weibull分布场合序进应力加速寿命试验的统计分析及其软件包.高校应用数学学报（A辑），1998，13（4）：407-413.

［167］唐茂刚，程依明，胡凤霞.基于广义逆理论的步进应力加速寿命试验的最优设计.经济数学，2015（2）：52-59.

［168］唐元天.加速寿命试验数据管理与解析系统研究.哈尔滨理工大学博士学位论文，2007.

［169］田云霞.指数分布场合简单恒加试验的极大似然估计.太原师范学院学报（自然科学版），2007，4：37-38.

［170］王炳兴.Weibull分布基于恒加寿命试验数据的统计分析.应用概率统计，2002，4：413-418.

［171］王坚永，庄中华，等.滚动轴承可靠性加速寿命试验研究.轴承，1996（3）：23-28.

［172］王玲玲，王炳兴.对数正态分布下序进应力加速寿命试验的统计分析.华东师范大学学报，1995，4：1-8.

［173］王蓉华，费鹤良.TFR模型序加试验下Weibull分布产品寿命的统计分析.运筹与管理，2004，2：39-44.

［174］王蓉华，徐晓岭，李玉新.几何分布产品简单步进应力加速寿命试验TFR模型下的统计分析.运筹与管理，2005，5：46-49.

［175］王蓉华，徐晓岭，施宏伟.Gompertz分布TFR模型多步步进应力加速寿命试验的统计分析.应用概率统计，2009，1：47-59.

［176］王蓉华，顾蓓青，徐晓岭.单参数指数分布产品截尾样本场合简单步进应力加速寿命试验损伤失效率模型下的统计分析.数学理论与应用，2010，3：18-22.

［177］王蓉华，汪骁，徐晓岭.两参数指数分布步进应力加速寿命试验的统计分析.上海师范大学学报（哲学社会科学版），2006，4：1-6.

［178］王蓉华，徐晓岭，刘文华，吴生荣.两参数指数分布产品全样本场合下步进应力加速寿命试验损伤失效率模型下的统计分析.运筹与管理，2007，3：74-77.

[179] 王喜山，孙振东. 用威布尔函数研究氦氖激光器的寿命特征. 中国激光，1987，14（4）：213-215.

[180] 徐海燕. 加速寿命试验的设计与寿命试验统计分析中若干问题的研究. 上海师范大学博士学位论文，2005.

[181] 徐海燕，费鹤良. 指数分布场合下双应力步加试验的设计. 应用概率统计，2008，2：217-224.

[182] 薛留根. 随机删失下半参数回归模型的估计理论. 数学年刊 A 辑（中文版），1999，6：745-754.

[183] 徐晓岭，费鹤良. 威布尔分布场合下步进应力加速寿命试验的统计分析. 运筹学学报，1999，3（3）：73-84.

[184] 徐晓岭. Weibull 分布在多组序进应力下加速寿命试验的参数估计. 上海师范大学学报（自然科学版），1997，26（1）：36-41.

[185] 徐晓岭，史幼骢. 对数正态分布步进应力加速寿命试验的统计分析. 数理统计与管理，2003，A1：277-282.

[186] 徐晓岭，王蓉华. Weibull 分布逐步增加的 II 型截尾步进应力加速寿命试验的统计分析. 强度与环境，2004，1：35-40.

[187] 徐晓岭，王蓉华，朱崇恺. 全样本场合几何分布产品步进应力加速寿命试验 TFR 模型下的统计分析. 强度与环境，2005，4：46-52.

[188] 徐晓岭，王蓉华，王力，吴生荣. Gompertz 分布序进应力加速寿命试验损伤失效率模型下的统计分析. 上海师范大学学报（自然科学版），2006，6：37-43.

[189] 徐晓岭，王蓉华，戎于飞. 几何分布产品全样本场合步进应力加速寿命试验 TFR 模型下的统计分析. 数学研究，2007，2：227-232.

[190] 徐晓岭，王蓉华，戎于飞. 几何分布截尾样本场合步进应力加速寿命试验 TFR 模型下的统计分析. 大学数学，2009，3：23-30.

[191] 徐晓岭，王蓉华，顾蓓青. 定时截尾串联系统屏蔽数据步进应力加速寿命试验的统计分析. 江西师范大学学报（自然科学版），2015，2：194-199.

[192] 杨士特，杨惠敏，茆诗松，王玲玲. 低压电机快速试验的统计分析. 应用概率统计，1990，6（1）：108-112.

［193］杨之昌，马秀芳. 长寿命 He—Ne 激光器的加速寿命试验. 中国激光，1989，16（7）：410-412.

［194］杨之昌，马秀芳，等. 气体激光器的可靠性和可靠性试验. 激光技术，1998，22（3）：179-184.

［195］余敏雯，曾辉，刘正高. 系统可靠性评估技术发展综述. 质量与可靠性，2005（2）：32-35.

［196］张苹苹. 航空产品加速寿命试验研究及应用. 北京航空航天大学学报，1995，21（4）：124-129.

［197］张苹苹，卢建生，张增良. 输油泵加速寿命试验方法及可靠性研究. 北京航空航天大学学报，1992，18（1）：65-71.

［198］张皓，温宝全，张智丰. 双应力步进加速试验设计及可靠性统计分析（指数分布）. 数理统计与应用概率，1997，2：191-201.

［199］张雪强. 加速加载试验在路面路用性能评价中的应用研究. 中国新技术新产品，2012，2：194-195.

［200］张学新，费鹤良. Weibull 分布下多组序进应力加速寿命试验的统计分析. 高校应用数学学报（A 辑），2009，2：175-182.

［201］张志华. 定数截尾的恒定应力加速寿命试验的优化设计. 海军工程大学学报，1999，92（3）：57-60.

［202］张志华，茆诗松. 指数分布场合下竞争失效产品恒加试验的统计分析. 应用概率统计，1995，11（3）：289-296.

［203］张志华，茆诗松. 指数分布场合下竞争失效产品加速寿命试验的 Bayes 估计. 应用概率统计，1998，14（1）：91-98.

［204］张志华，茆诗松. 恒加试验简单线性估计的改进. 高校应用数学学报（A 辑），1997，12（4）：417-424.

［205］郑光玉，师义民. 自适应逐步 Ⅱ 型混合截尾恒加寿命试验下广义指数分布的统计分析. 应用概率统计，2013，9：363-380.

［206］郑德强，张正平，李海波. Weibull 分布下恒定应力加速寿命试验分组数据的统计分析. 强度与环境，2008，6：40-44.

［207］周洁，姚军，苏泉，胡洪华. 综合应力加速贮存试验方案优化设计. 航空学报，2015，4：1202-1211.

后 记

　　本书是在我的博士学位论文的基础上修改完成的。我最为感谢的是我的恩师向蓉美教授，从选题到构建论文框架，从撰写、修改至最终成稿，无一过程不凝聚着恩师的心血。在写作过程中，向老师深厚的学术功底，严谨的治学态度，执着追求学术的精神，以及从容、乐观、豁达、以身立行的学者风范，都深刻地影响着我，成为我毕生受益的财富。借此机会向我的恩师向蓉美教授致以我最衷心的感谢！

　　此外，感谢中国博士后基金项——基于扩展线性优势回归模型的产品可靠性统计分析（项目编号：2017M612147）的资助。

　　由于本人水平有限，本书内容难免存在疏漏或错误之处，恳请读者和同行多提宝贵意见，不吝赐教。

刘展

2019 年 10 月